数控技术专业群建设
——发展研究与实践

苏　茜　伍咏晖　覃祖和　著

中南大學出版社
www.csupress.com.cn
·长　沙·

图书在版编目(CIP)数据

数控技术专业群建设：发展研究与实践／苏茜，伍咏晖，覃祖和著．—长沙：中南大学出版社，2022.9

ISBN 978-7-5487-5075-8

Ⅰ．①数… Ⅱ．①苏… ②伍… ③覃… Ⅲ．①数控技术—技术发展—研究—中国 Ⅳ．①TP273

中国版本图书馆 CIP 数据核字(2022)第 162666 号

数控技术专业群建设

——发展研究与实践

SHUKONG JISHU ZHUANYEQUN JIANSHE

——FAZHAN YANJIU YU SHIJIAN

苏茜　伍咏晖　覃祖和　著

□出 版 人　吴湘华
□责任编辑　刘小沛
□责任印制　唐　曦
□出版发行　中南大学出版社
　　　　　　社址：长沙市麓山南路　　邮编：410083
　　　　　　发行科电话：0731-88876770　　传真：0731-88710482
□印　　装　涿州汇美亿浓印刷有限公司

□开　　本　787 mm×1092 mm 1/16　□印张 11.5　□字数 284 千字
□版　　次　2022 年 9 月第 1 版　□印次 2024 年 4 月第 2 次印刷
□书　　号　ISBN 978-7-5487-5075-8
□定　　价　78.00 元

PREFACE

前言

党的十八大以来，我国职业教育政策紧扣服务国家战略、促进经济社会发展的主线，不断完善顶层制度设计、健全政策体系，引导职业教育高质量发展，这不仅表明了国家对于职业教育的重视，也凸显了职业教育的重要地位。2019 年，《国家职业教育改革实施方案》正式出台，学历教育和职业教育并重的理念也越来越深入人心，职业教育融入现代教育体系也成为了必然趋势。发展职业教育、培养技术技能人才对企业和国家而言都至关重要，优质的职业教育对扩大就业范围、推进经济转型升级、培育经济发展新动能具有重要意义。

产业结构的转型升级和新时代新兴经济的不断发展催生了许多产业新形态，产业链向上游和下游不断延伸拓展，新职业、新岗位和新工种在产业经济发展浪潮中不断涌现。面对产业形态发展变迁中出现的人才供给面临高素质、多技能复合型人才供给不足，单一技能型人才供给过剩，“用工荒”与“就业难”并存的问题，作为高技术技能型人才供给主要来源的高职院校，应该主动对接区域产业及行业发展需求，基于专业自身发展的逻辑，以人才培养质量优、师资队伍水平高、办学基础条件好、毕业生就业能力强的专业为核心专业，同若干个课程基础相近、资源共享能力较强、职业岗位相近的相关专业组成专业群，将专业群建立在产业集群需求上，创新复合型、多元化技术技能人才培养模式，破解专业建设和发展的瓶颈，以专业群内涵建设为抓手和新范式，打造高技术技能型人才培养新高地。

针对职业院校普遍存在的专业群与区域产业链之间契合度低，高职专业群人才供给侧与产业链人才需求侧相脱节，人才培养不够精准，不能适应岗位变化的需要等问题，依托“广西职业教育数控技术专业及专业群发展研究基地（桂教职成 [2018]37 号）”等省级项目，聚焦数控技术专业及专业群的特点，有针对性地对专业改革与发展中遇到的重点、难点问题进行研究。通过开展专业群建设、人才培养模式改革、课程体系构建、创新创业能力培养等方面的实践探索，明晰了数控技术专业及专业群建设与发展的实施路径，创新了适应产业需求的高素质、复合型技术技能人才培养模式，培育了一批在省内、甚至国内具有一定影响力的专业发展研究与实践成果，推动了区域职业教育专业群建设水平整体提升。

本书由“广西职业教育数控技术专业及专业群发展研究基地”项目负责人、广西机电职业技术学院苏茜教授等撰写。由于课题组成员水平有限且时间仓促，本书难免存在疏漏及不足，欢迎专家和广大读者多提宝贵意见和建议。

CONTENTS

目录

第一章 专业群建设的背景和意义

专业建设是职业院校教育教学工作的核心，是学校办学理念、办学定位和办学特色的体现，决定着人才培养规格和办学整体水平。随着高职教育教学改革的逐渐深入，专业建设向专业群建设的转变已势在必行，专业群建设是职业院校优化专业布局、配合产业转型升级、提升社会服务能力的需要，是职业院校培养高质量人才的重要单元和形成核心竞争力的关键。

第一节 高职专业群建设与发展的背景

一、国家政策引导高职专业群建设与发展

国家长期重视高职专业和专业群建设。2006 年，教育部出台《关于全面提高高等职业教育教学质量的若干意见》（教高〔2006〕16 号），提出以重点建设专业为龙头、相关专业为支撑的专业群，这是专业群的概念首次在国家文件中出现。2015 年，教育部出台《关于深化职业教育教学改革全面提高人才培养质量的若干意见》（教职成〔2015〕6 号），指出围绕各类经济带、产业带和产业集群，建设适应需求、特色鲜明、效益显著的专业群，突出了专业群建设应服务产业需求的导向。2019 年，教育部、财政部出台

《关于实施中国特色高水平高职学校和专业建设计划的意见》（教职成〔2019〕5号），提出集中力量建设一批引领改革、支撑发展、中国特色、世界水平的高职学校和专业群，明确了高水平专业群的建设内涵。由此可见，国家一系列政策的支持与引导，有力地推动了高职专业群的建设与发展。

二、产业转型升级驱动高职专业群建设与发展

随着经济结构调整和产业转型升级步伐的加快，产业集群效应越来越明显，对高素质技术技能人才的需求越来越紧迫。以云计算、物联网、大数据、人工智能为代表的新一代信息技术与传统产业融合创新，劳动密集型产业正逐步走向知识、技术、创新密集型产业，新业态、新工种、新岗位群不断涌现。一系列的变化，对高职院校的人才培养和专业建设提出了新的要求。作为与产业发展联系最为紧密的高职教育，为了更好地适应产业发展新形势，需要从专业群与产业协同的角度打造高水平专业群，提高人才培养的适应性和针对性。由此可见，专业群的建设与发展是职业教育适应产业发展的客观要求。

第二节　高职专业群建设的现实意义

一、提升专业的社会服务能力

衡量人才培养质量和专业建设水平的高低，首先要看其是否精准对接产业需求。随着经济社会的发展和产业结构的不断优化，产业链条式、产业集群化发展已成为新业态，传统单一的专业建设理念已不能适应多元化产业发展的需求，在服务产业的广度、深度、效度等方面存在明显短板和不足，因此，构建面向职业岗位群或产业链发展的专业群建设模式势在必行。通过专业群建设，动态调整专业组成、专业结构和专业内涵，可以更好地提高专业群建设对产业发展的适应性，推动教育链、人才链和产业链、创新链有机衔接，平衡高职院校人才培养与产业发展需求之间的人才供需关系，拓宽专业服务面，提高专业的服务能力和服务深度，为增强产业核心竞争力提供有力支撑，发挥“1+1 ＞ 2”的集聚效应。

二、优化专业的资源配置

资源配置优化是专业群建设优于传统单体专业建设的直接体现。传统单体专业建设办学资源相对独立，专业与专业间的资源是离散的、割裂的，不仅容易造成单体专业资源的不足，还可能导致整体资源的浪费。高水平专业群可以充分发挥集群效应，对群内专业有交叉、渗透、融合的课程、师资、设备等方面的资源进行有效统筹，实现资源整合和效益共享最大化，使原本“少”而“散”的单体专业资源相互补充，形成专业建设合力，有效地提高专业建设成效。

三、促进专业的协调发展

专业群通常由几个相近或相关的专业按照职业联系组合在一起，群内专业在建设基础、条件、定位、规模、质量等方面通常存在不同程度的差异，但又相互关联融合。通过专业群建设，群内各种最新行业信息、专业信息和技术信息的共享与经验交流将变得更加频繁，创新思想碰撞的机会也会更多，将促使优势专业辐射带动其他专业的发展，从而打造高水平专业群，形成专业品牌效应，吸引更多的行业企业关注以及各类人才汇聚，更好地促进各专业的协调发展。

第三节　数控技术专业群建设的背景

一、国家经济发展的新需求

制造业作为国民经济的主体，是立国之本、兴国之器、强国之基，党的“十九大”明确要求“培育若干世界级先进制造业集群”，并将其作为建设现代化经济体系的重要目标和任务之一。目前，就规模和总量来说，我国制造业已居世界第一，未来十年，是我国制造业升级转型，由“制造大国”走向“制造强国”的关键时期。先进制造业已成为全球产业布局和大国竞争的焦点，无论是德国工业 4.0、美国工业互联网还是中国制造 2025，核心都是智能制造。而智能制造是以数字化为核心，把人工智能技术跟产品设计、制造技术等融合起来，并用智能技术来解决制造问题的过程，也就是说，制造数字化是智能制造的重要基础。制造数字化不仅仅是制造装备数字化，也涵盖设计数字化、生产过程数字化和管理数字化。我国高职院校从十几年前就着手培养数控编程、数控操作与维护、计算机辅助设计与制造等专业技术技能人才，但目前先进制造业领域的专业技术人才仍处于紧缺状态。教育部印发的《高等职业教育创新发展行动计划（2015—2018 年）》提出，根据区域发展规划和产业转型升级需要优化院校布局和专业结构，将专科高等职业院校建设成为区域内技术技能积累的重要资源集聚地。重点服务中国制造 2025，主动适应数字化、网络化、智能化制造需要，围绕强化工业基础、提升产品质量、发展制造业相关的生产性服务业，调整专业，培养人才。可见，随着未来制造业智能化、网络化、信息化的发展，培养符合智能制造发展的技术型、创新型、复合型高素质技术技能人才，实现我国制造业由“大”变“强”的历史跨越，已成为时代赋予高职院校的新使命。

二、广西工业高质量发展的新需求

广西壮族自治区人民政府发布的《广西工业高质量发展行动计划（2018—2020 年）》提出，要实施加快传统产业“二次创业”和战略性新兴产业倍增发展行动，推动产业向数字化、智能化、品牌化方向发展，以智能制造、绿色制造为主攻方向，重点发展先进轨道交通装备、高端农机装备、电力能源装备、机器人、高技术船舶及海洋工程装备等，打造南宁、柳州、桂林、玉林、钦州等地高端装备产业集群。《广西战略性新兴产业发展“十四五”规划》提出，要实施智能制造工程，推动“智能制造＋工业互联网”建设，推进智慧园区、智能建筑、智能工厂、数字化车间、智能生产线、智能生产单元等建设。

三、数控技术专业群发展的需要

根据《中国制造 2025》《广西工业高质量发展行动计划（2018—2020 年）》《广西战略性新兴产业发展“十四五”规划》《关于深化职业教育教学改革全面提高人才培养质量的若干意见》和《高等职业教育创新发展行动计划（2015—2018 年）》等文件，为了更好地适应区域发展规划和产业发展新形势，广西机电职业技术学院从专业群与产业协同的角度出发，以先进制造产业链为依托，围绕先进制造典型生产环节面向的职业岗位群，组建以数控技术专业为核心，涵盖模具设计与制造、机械制造与自动化等专业的数控技术专业群，旨在培养适应数字化、网络化和智能化制造的创新型、复合型高素质技术技能人才，更好地为区域经济社会发展服务。

第四节　数控技术专业群建设的基础

广西数控技术专业群建设基础扎实，成果丰硕，综合实力强，经过60多年的历史积淀，现已建成1个全国职业院校装备制造类示范专业、2个国家级教改试点专业、2个国家高职示范建设项目重点培育院校重点建设专业、2个国家骨干院校重点建设专业、2个国家优质校骨干专业、4个广西"双高计划"高水平专业建设、5个自治区优质和特色专业、2个自治区示范特色专业；现有全国技术能手1人、省级教学名师3人、省级技术能手11人、省级五一劳动奖章获得者3人、市级技术能手2人；建设有省级优秀教学团队1个。

近年来，广西数控技术专业群获全国机械行业教育教学成果特等奖1项，全国机械职业教育教学成果二等奖1项，广西高等教育教学成果特等奖、一等奖、二等奖各1项；建成国家精品课程、全国机械行业精品课程各1门，自治区级在线精品课程1门；出版"十三五"职业教育国家规划教材4部；获全国职业院校信息化教学大赛三等奖1项，广西职业院校信息化教学大赛一等奖1项、二等奖3项、三等奖1项，主持广西专业教学资源库建设项目1项；获国际级技能大赛一等奖3项、二等奖5项、三等奖9项，国家级技能大赛一等奖5项、二等奖3项、三等奖5项，自治区职业院校技能大赛一等奖32项、二等奖33项、三等奖20项，全国大学生机械创新设计大赛二等奖、三等奖各1项，广西大学生机械创新设计大赛二等奖、三等奖各2项；参加省级创新创业大赛，获得奖励7项。

广西数控技术专业群现建有焊接自动化技术中心、现代制造技术中心、模具制造技术中心等集产、学、研于一体的省级示范性实训基地3个及校内实训室26个，总占地面积约6000平方米，各类实训设备1016多台，实训工位约1700个，各类教学仪器设备总值5000余万元。

近十年，专业群新生报到率为90%以上，累计培养了6000多名"行业认可、企业欢迎"的专业技能人才，就业率连续十年保持在90%以上，就业地域遍及全国各地，毕业生供不应求。

第二章 数控技术 专业群建设与发展的思路和方案

以服务产业集群发展为目标，通过对区域经济产业集群内人才需求状况的分析，立足区域内经济发展实际，广西机电职业技术学院在本校专业建设原有的基础与优势上，调整专业结构与布局，构建与高端制造产业集群需求一致的专业群体系。结合教育部、人力资源和社会保障部、工业和信息化部联合印发的《制造业人才发展规划指南》，对机械工业教育发展中心、中国机械工业教育协会等行业组织调研形成的《机械行业智能制造领域技术技能人才需求趋势分析报告》《2018—2020 年广西现代装备制造行业人才供求调研报告》《2021—2023 年广西现代装备制造行业人才供求调研报告》及由专业团队调研完成的《数控技术专业人才培养调研报告》（附件）进行综合分析研究，形成数控技术专业群建设方案和人才培养方案。

第一节 人才需求调研分析

2016 年 1 月，由广西机电职业技术学院牵头，联合相关行业、企业、高职院校、中职学校组建成立了广西机械职业教育教学指导委员会。为建立健全政府主导、行业引导、企业参与的职业教育教学机制，推动广西机械职业教育教学改革创新，广西机电职业技术学院作为广西机械职业教育教学指导委员会秘书长单位，近年来持续开展广西工业发展现状及人才需求调研活动，并形成了《2018—2020年广西现代装备制造行业人才供求调研报告》和《2021—2023年广西现代装备制造行业人才供求调研报告》。

一、调研基本情况

中国－东盟自由贸易区的全面建成、“一带一路”发展建设的提出与实施、中国（广西）自由贸易试验区的设立以及广西交通“1环12横13纵25联”的新规划为制造业的产品畅通无阻地流通创造了条件等，使得广西装备制造业迎来了一个大发展的机遇期。

近5年来，广西装备制造业发展水平不断提升，广西规模以上装备制造业企业达1186家，产业增加值占全区规模工业增加值的比重提升至28.5%，其中汽车制造业占比提升至13.4%，成为广西工业中的第一大行业；广西装备制造产业投资增长27.0%，其中高技术制造业增长26.5%，高于全国平均增速。因此，装备制造业已成为广西经济发展的重要支柱。

通过对211家企业的调研发现，随着“制造强国”战略的不断推进，智能制造技术、工业机器人技术、工业互联网技术、新能源汽车等新技术、新产品的出现，广西装备制造行业的转型升级迫在眉睫，尤其是高层次的技术人才、高学历的技能人才、复合型高素质的人才、新技术岗位的人才需求在未来3～5年将成为主流。

二、调研情况分析

（一）人才培养供给结构失衡状况突出

调研数据分析显示，广西装备制造职业人才培养供给与产业发展需求之间的结构性失衡是当前较为普遍的问题：①中高本衔接渠道不够畅通，对接不够精准，人才培养层次结构不尽合理，存在中低端人才“产能过剩”，而中高端人才“供给不足”的问题，不能满足行业对高层次技术人才及高学历技能人才的需求；②从广西现代装备制造业相关专业近几年的变动状况看，虽然产业需要更多接受过系统职业教育的人才，但在现实中，高职相关专业招生数量的增长率还是低于中职；③在高职招生规模逐年增加的情况下，相关专业的专业点数却在下滑，与产业发展和需求增速不相匹配。诸如此类的结构性失衡问题极大地影响了职业教育服务和支撑广西现代装备制造业发展的能力。

（二）人才培养定位的科学性亟待增强

装备制造业有赖于多门技术、多种技能更加有机的叠加、复合集成，这一产业特征将促使人才培养专业结构需求呈现“1+X”的对应关系，即一个领域对应多个专业，各重点领域之间的专业需求出现明显的交叉，人才培养趋于多元性、复合型。然而，人才培养的专业课程体系中对于跨专业核心能力所需的复合课程、全生命周期管理、生产节拍、MES等新技术课程很少开设，对于基于MES的生产与管控、生产排产、精益生产、大数据、物联网、智能物流等先进制造技术与信息技术融合的新技术没有提及，导致现有专业（群）课程体系难以满足新岗位专业综合能力需求。

（三）师资专业能力不足现象较为普遍

首先，现代装备制造业由于具有“高”“新”技术产业的产业属性，造成相关专业师资力量储备不足，培养滞后，加之目前该领域青年专业教师居多，“从学校到学校”的成长路径和企业认知与专业实践机制的落实不到位，势必造成师资质量、专业素养和教学能力与人才培养需求之间的差异；其次，校企合作理念认识普遍不足，未能建立长期有效的合作机制，行业资源、人员、技术、管理、文化等全方位实质性融合度不高，这些都将会严重制约职业院校的人才培养能力和水平。

（四）人才培养质量不适应产业发展要求

当前，广西装备制造业技能人才培养质量方面存在的主要问题是：①现代装备制造行业的专业界限过于明显，其多以传统的专业发展思路培养人才，不同专业之间的融合度非常低，不利于复合型人才的培养和创新能力的培养，很难适应广西现代装备制造业的发展要求；②重视显性技能而轻视隐性技能，即重视可量化、可目测的操作技能的训练，而轻视解决问题能力、自主学习能力、职业发展能力等“软实力”的培养，难以适应广西现代装备制造业的变革要求；③技术技能人才对职业的认同度不高，职业精神不强，自信心缺乏，敬业精神不够，技能人员稳定性很差，离职率很高，加剧了广西现代装备制造业技能人才缺乏的问题；④人才培养专业内涵更新滞后，缺乏产教协同优化机制，不利于培养符合现代装备制造业岗位要求的基础扎实、有特定的专业技能、有跨界的综合能力、熟悉整个生产与管理流程和现代信息与网络技术的高素质技术技能人才。

第二节 数控技术专业群建设与发展的总体思路和目标

一、数控技术专业群建设与发展的总体思路

针对调研所发现的专业技术技能人才供需问题，可以从以下几方面进行专业群建设与改革：

（一）调整专业结构布局，改善供求结构失衡

当前人才培养供需关系中不同程度存在着专业设置结构性失衡、布局结构性失衡、体系结构性失衡、素质能力失衡等问题，这已成为影响职业教育服务能力提升、制约产业升级发展的瓶颈，加快改善和优化人才培养结构成为今后改革的焦点和关键点。

专业结构调整要适应广西区域经济发展需要，建立与现代装备制造支柱产业、服务业发展相适应的高等职业教育专业建设的调整机制。根据社会需求和办学条件，认真制订现代装备制造类专业的建设规划，以加强产业发展急需的紧缺人才培养为重点，有针对性地调整和设置专业，建设一批代表本校办学水平、办学特色的现代装备制造类精品专业，逐步形成以数控技术专业为龙头、相关专业为支撑的专业群，辐射服务面向的区域、行业和企业，增强学生的就业能力；适应岗位群的需要，积极试行按专业大类招生，灵活设置专业方向，增强人才培养的适应性。

（二）改革人才培养模式，提高人才培养质量

在原有的大专业、小方向和订单式人才培养模式的基础上，坚持以新型岗位的职业要求为目标，坚持校企合作，深化人才培养模式改革。通过建设工学结合的专业核心课程，实施订单培养、工学交替、任务驱动、项目导向和顶岗实习等有利于增强学生职业能力的教学模式，形成具有工学结合特色的人才培养新模式。

（三）打造新型师资队伍，夯实人才培养基础

立德树人，师者为先，这既体现了师资的重要性，也表明了对教师的现实要求。所

谓“无有匠师，何来工匠”，现代装备制造对人才培养的更高要求，与当前相关师资队伍状况相比较，能更清晰地看出师资队伍建设创新的紧迫性和重要性，而优秀的教师也成为人才培养创新的战略性资源和决定性法宝。

行业（企业）要积极推荐高级技术人员作为兼职教授（副教授），并给予其一定的时间，参与人才培养和教学建设；要创造条件接受青年教师到企业实习锻炼，增加教师的工程实践经验，提高教师的工程实践能力。

要重视师资队伍建设，支持和鼓励专业带头人创造性开展工作，注重专业带头人和中青年骨干教师的培养，为他们的工作、学习和生活创造条件；要积极主动与行业（企业）联系，选派教师到企业进行锻炼，聘请企业高级技术人员作为兼职教授（副教授），共同参与人才培养工作。

（四）深化校企合作机制，实现合作育人目标

在现行工业企业管理体系发展环境下，效益驱动、需求驱动仍然是许多企业开展校企合作的主要动因。从现状和趋势分析来看，一方面，装备制造业对人才的强烈需求，与现实中人才的匮乏已逐渐触及了企业在人才培养上的“拿来主义”的痛点；另一方面，一些专业在装备制造人才培养方面的主动作为，一定程度上对企业特别是中小企业呈现出助推和引领效应，这就激发了相关企业开展深入合作的“兴奋点”。把握住“两点”交汇的有利契机，乘势而为，校企合作育人的机制创新必将结出更加丰硕的成果。

（五）营造利于技术技能人才培养的良好环境

政府、行业、企业、院校齐心协力，共同推进装备制造业技术技能人才培养和职业教育事业持续健康发展。大力宣传技术技能人才的重要地位和不可替代作用，形成社会关心、重视和支持技术技能人才培养的大环境；逐步提高生产一线技术技能人才的社会地位和经济收入，对在生产实践和技能竞赛中做出突出贡献、取得优异成绩的技能人才给予重奖，授予荣誉称号，形成掌握技能者获得荣誉、得到实惠的导向和社会风尚。政府与社会各方协同推进人事、教育、分配制度改革，努力开拓经营管理人才和专业技术人才并立且地位、待遇相当的技能人才发展道路。

二、数控技术专业群建设与发展的总体目标

围绕先进制造业产品生产制造全生命周期的工艺流程，助力区域经济发展，面向西南、华南地区乃至全国先进制造产业链产品设计、模具设计、数控加工、自动焊接、自

动化产线应用、调试、智能管控等职业岗位群，以数控技术专业为核心，按照“专业基础相通、技术领域相近、职业岗位相关、教学资源共享”的原则，组建以数控技术、模具设计与制造、机械设计与制造和焊接技术与自动化技术专业为生产链，以机电设备维修与管理、机械制造与自动化为服务链的“一核双链”专业群结构。通过创新人才培养机制、优化课程体系、打造教师教学团队、建设校内外实训基地、开展国际合作，建成人才培养质量高、集产教研培赛创于一体、社会服务能力强、特色鲜明、业内认可、服务先进制造业的高水平专业群，为推动区域高职院校同类专业（群）的改革、建设和发展起到了示范作用。

第三节　专业群建设方案

一、产业背景分析

《中国制造 2025》的核心是智能制造。广西壮族自治区人民政府关于贯彻落实《中国制造 2025》的实施意见明确指出，广西将调整产业结构，以推进智能制造和“互联网 +”为导向，大力发展、培育壮大战略性新兴产业。广西要实施加快汽车、机械、铝业等传统产业“二次创业”行动，推动产业向智能化、高端化、链条化方向发展，并实施新一代信息技术、高端装备制造、新能源汽车等战略性新兴产业倍增发展行动，加快重点行业生产设备的智能化升级改造，围绕机械、汽车、电子信息、食品、化工、冶金等重点行业，实施“机器换人、设备换芯、生产换线”，打造智能工厂（车间），培育智能制造新业态、新模式。由此可见，广西工业的高质量发展迫切需要高端制造技术技能型专业人才的支撑。

二、专业群发展定位

根据区域产业的转型升级，高职院校将调整优化专业结构，在传统优势制造类专业的基础上，建设以数控技术专业为核心，涵盖模具设计与制造、机械设计与制造、机械制造与自动化、机电设备维修与管理等专业的数控技术专业群，并以智能制造产业链为依托，围绕智能制造生产流程面向的职业岗位群，培养掌握数字化设计和制造及智能制造产线安装、调试、维护技能，以及能对生产系统进行信息化管理的应用型、复合型技术技能型人才。

三、专业群建设基础

（一）注重专业群内涵建设，拥有一批国家级、自治区级建设专业

广西智能制造技术专业群基础扎实，成果丰硕，现拥有国家级教改试点专业 2 个、国家高职示范院校重点建设专业 2 个、国家骨干院校重点建设专业 2 个、装备制造类国家示范建设专业 1 个、自治区级优质专业 4 个、自治区级特色专业 2 个、自治区级示范特色专业点 2 个。详见表 2–1。

表 2–1　专业名称及荣誉称号表

专业名称	荣誉称号
焊接技术与自动化	国家级教改试点专业 国家高职示范院校重点建设专业 国家骨干院校重点建设专业 装备制造类国家示范建设专业 全国优质校骨干专业 教育部首批现代学徒制试点专业 创新发展行动计划省级骨干专业 自治区级示范特色专业 自治区级优质专业 自治区级特色专业 教育部现代学徒制试点
数控技术	国家级教改试点专业 国家高职示范院校重点建设专业 国家骨干院校重点建设专业 高等职业教育创新发展行动计划国家级骨干专业 自治区级优质专业 广西职业教育数控技术专业及专业群发展研究基地
模具设计与制造	自治区级教改试点专业 自治区级优质专业 自治区级特色专业
机械设计与制造	自治区级示范特色专业
机电设备维修与管理	自治区级优质专业

（二）积极探索校企合作，构建了“工学交替、教学做一体化”的人才培养模式

广西智能制造技术专业群以行业协（学）会为纽带，以行业发展为目标，与业内知名企业合作，成立了以行业专家为核心的专业指导委员会。校企双方共同分析企业岗位知识和能力需求，确定专业人才培养方案。围绕岗位核心知识和能力，以实训实习基地为平台，以典型岗位工作任务为载体，将生产性实训融入理论教学过程，构建了“工学交替、教学做一体化”的人才培养模式。

（三）内培外引，打造了一支专兼结合、素质过硬的师资队伍

广西智能制造技术专业群拥有一支素质过硬、专兼结合、德技双馨的“双师结构”师资队伍。广西机电职业技术学院现有专兼职教师 108 人，其中正高级职称 16 人，副高级职称 49 人。拥有“长江学者”1 人、享受国务院特殊津贴 2 人、“大国工匠”1 人、“全国技术能手”4 人、自治区教学名师 1 人、“广西技术能手”17 人、全国“五一劳动奖章”获得者 2 人、广西“五一劳动奖章”获得者 6 人、市级技能大师和技术能手 10 人。近 5 年来，广西机电职业技术学院主持省部级以上科研项目 8 项、市厅级科研项目 10 项，申获国家专利 24 项，制定行业标准 1 项，公开发表论文 157 篇；指导学生完成科研创新课题 30 项，指导学生成立社团 2 个，指导学生参加省级以上技能大赛获奖 100 多项。

（四）积极推进产教融合，打造了一批配置先进的实训基地

广西智能制造技术专业群建有焊接自动化技术中心、现代制造技术中心、模具制造技术中心等集产学研于一体的现代化技术中心 3 个。其中，焊接自动化技术中心为澳大利亚 FastCAM 数控切割套料软件培训基地、中国焊接协会机器人焊接（南宁）培训基地、北京嘉克公司焊接自动化技术与堆焊工程培训基地，也是国家电焊工职业技能鉴定所、广西示范性实训基地；现代制造技术中心是国家数控技术专业技能型紧缺人才培养培训基地、全国总工会职工职业实训基地、自治区级示范性高等职业教育实训基地、国家职业技能鉴定中心；模具制造技术中心是自治区示范性实训基地、中国模具人才培训先进培训基地。专业群共拥有 26 个校内实训室，实训基地总占地面积约 6000 平方米，各类实训设备 1016 多台，实训工位约 1700 个，各类教学仪器设备总值 5000 余万元。

专业群与 20 多个国内外知名企业建立了稳定、良好的校企合作关系，在科技研发、

员工培训、实习就业等方面取得了良好的效果。

（五）注重人才培养质量提升工程，持续提高毕业生就业质量

通过不断创新教育教学手段，调整优化人才培养方案，突出学生职业技能训练，切实提高专业建设水平和人才培养质量，学生在国际、国内、区内各级各类职业技能比赛中屡获大奖。近十年来，广西机电职业技术学院制造类专业累计培养了6000多名“行业认可、企业欢迎”的专业技能人才，就业率连续十年保持在90%以上，就业地域遍及全国各地，毕业生供不应求。

（六）注重产学研融合，具备较强的社会服务能力

广西智能制造技术专业群以校企共建的校内外实训基地为依托，搭建了产学研一体化平台，为相关企业提供机器人焊接工艺优化等技术服务28项，创经济效益500余万元，服务到款840余万元；为企业和同行业提供新技术咨询和服务45次，授权专利20项，完成校企合作应用技术研发项目10项；在数字化设计、仿真和制造等技术领域，围绕服务行业企业员工岗位能力、研发人员创新能力提升和职业院校师资培训等开展国家级、省级和社会培训，参与共5000余人次；承办各级各类竞赛100次以上。

（七）坚持开放办学，具有较强的国际合作优势

充分利用广西毗邻东盟国家的区位优势，专业群为东盟国家30多家院校和企业培训了焊接教师、技术骨干90名，推动了焊接技能培训国际化标准建设；2017年在德国成功举办了一期机器人焊接工艺高端人才培训班；2017年成功举办了“金砖国家技能发展与技术创新大赛”机电技能大赛，作为广西高职院校首次承办国际赛事并取得了良好成绩，在行业及国内外的声誉和影响力不断提高。

四、群内专业逻辑关系

广西智能制造技术专业群按照“专业基础相通、技术领域相近、职业岗位相关、教学资源共享”的原则组群，将群内专业的核心岗位按照生产流程连接在一起。专业群机械设计与制造、模具设计与制造专业以数字化正、逆向设计作为入口，主要对应产业链前段的产品设计；核心专业数控技术、焊接技术与自动化专业以数字化制造工艺及制造技术为重点，对应产业链中段的制造、装配、检验等；机电设备维修技术专业、机械制造与自动化专业为自动化产线、机电设备、工业机器人应用技术等产业链后段的技术服务工作提供支撑，最终完成产品设计、生产、装配、调试、服务全过程，专业群组群逻

辑完全契合先进制造产业生产链和服务链岗位技能需求。

五、建设目标

（一）近期（2022 年）建设目标

广西智能制造技术专业群近期建设目标是通过三年建设（至 2022 年），使专业群整体办学水平达到“当地不可缺、同行都认可、国际可交流”的专业群标杆水平。

1. 成为广西高职教学改革的领跑者

形成“三递进，四融合”的人才培养模式，获省级以上教学成果奖 1 项；政校企合作建设智能制造产业学院，深化现代学徒制改革；大力推进 1+X 证书试点工作；建设满足学校教育和企业培训需求的专业群教学资源库 1 个和精品在线开放课程 2 门；打造大师引领、工匠支撑、名师指导的高水平师资队伍；培育或引进国家级和省级教学名师各 1 名、全国技术能手 3 名、省级技术能手 3 人、正高级职称教师 3 名。

2. 成为区域智能制造产业优质人才供给的首选地

专业群就业率达到 95% 以上；技能大赛中获国家级以上奖项 2 项、省级奖 8 项；参与 X 证书学生证书获取率达 60% 以上，用人单位满意率达到 90% 以上。

3. 成为中小企业转型的重要支撑者

与国内、外技术先进企业合作共建技术引领的智能制造技术协同创新中心，解决区域内中小企业工艺和技术以及数字化、智能化升级瓶颈；开展企业科研技术服务 20 项以上，技术服务及成果转化到账额达 100 万元以上。

（二）中期（2025 年）建设目标

至 2025 年，建成国内一流、国际水准的职教专业群。

（三）远期（2035 年）建设目标

至 2035 年，建成国际先进水平、引领职业教育现代化的职教专业群。

六、建设内容与举措

（一）人才培养模式改革

1. 深化“三递进，四融合”人才培养模式改革

通过现代学徒制、混合所有制、订单式培养、跨专业项目化培养等多元化校企合作形式，将企业需求、行业标准与国家职业资格标准融入人才培养过程，突出学生专业基

础应用能力、职业岗位实践能力、创新创业发展能力“三层递进”（简称“三递进”）式培养；围绕能力培养主线，通过在智能制造理实一体化课堂实施项目化教学，在校内技术中心／产业学院进行生产性实训，在智能制造协同创新中心开展“双创”实践锻炼，在相关企业进行顶岗实践等途径，形成教学过程项目化、能力培养层次化、企业参与全程化、工程实践岗位化的“四化融合”（简称“四融合”）模式，协同育人。如图 2-1 所示。

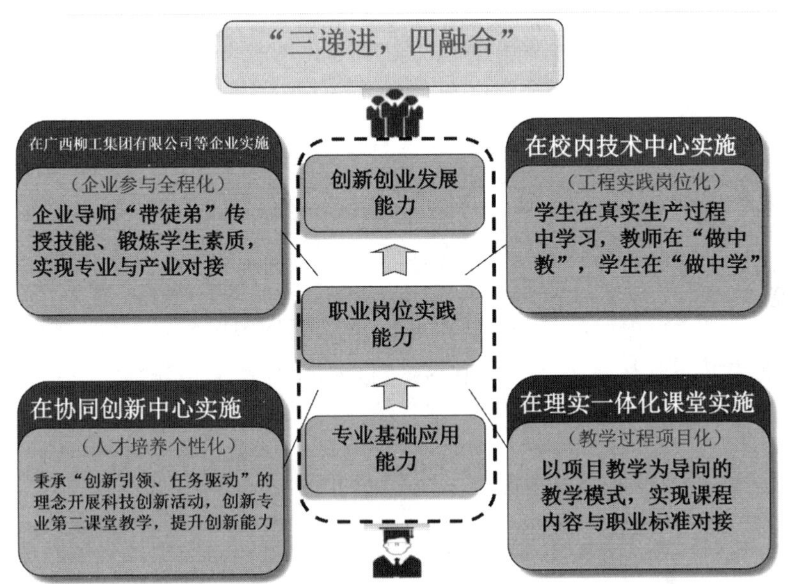

图 2-1　“三递进，四融合”的人才培养模式图

2. 建立智能制造产业学院，提升人才培养高质量发展

依托与相关企业合作成立的产业学院，深化“校企合作，产教融合”人才培养模式，探索混合所有制办学，协同培养高端智能制造技术技能人才，支撑产业转型升级。同时利用多方主体的优势资源，将技术服务和社会培训辐射到地方中小企业。专业群订单培养达到 100 人／年。

3. 深化现代学徒制人才培养改革

依托产业学院，在总结国家现代学徒制试点单位前期工作经验的基础上，继续与相关企业开展专业群现代学徒制人才培养。探索多形式的“招生招工一体化方案”，完善校企双主体育人模式。与对应企业开展一体化招生招工，实施双主体育人。

4. 坚持校企合作，开展“1+X 证书制度”试点工作

坚持走校企合作之路，联合相关企业，围绕专业群“1+X 证书制度”职业技能等级

培训，深化教学改革，强化条件建设。将职业技能等级培训内容有机融入专业人才培养方案，优化课程设置和教学内容，提高人才培养的针对性、适应性。充分利用信息化平台，开展校内外在线培训服务，为对接“1+X 证书制度”信息管理服务平台做好准备。建设期内，联合先进制造技术领域的社会评价组织，积极申报焊接机器人操作员、多轴数控加工、数控设备维护与维修等 3 个“1+X”等级证书国家试点。

（二）课程体系改革

1. 构建“共享课＋方向课＋拓展课”的专业群课程体系

打破原有的专业壁垒，按照“底层共享、中层分立、高层互选”的三层递进思路重构专业群课程体系，实现专业群内课程的共享与互通，如图 2-2 所示。

其中，平台课程为专业群通用的专业基础课程；方向课程为模块化的职业能力递进系列课程；拓展课程融合了岗位群职业技能等级证书（X 证书）。该模块化、层次化课程体系是一个与时俱进的开放体系，能根据行业发展动态调整，有助于职业教育中高本衔接，也有利于专业群各专业的课程组合，同时便于社会人员选择进修，实现职业教育的纵向衔接与横向贯通。

2. 聚焦立德树人使命，全面推行课程思政

以习近平新时代中国特色社会主义思想及党的“十九大”精神和全国教育大会精神为指导，坚持党的全面领导，落实立德树人的根本任务，将社会主义核心价值观贯穿技术技能人才培养的全过程。通过“立德树人、能力培养、创新创业、劳动教育、工匠精神”五维融入，落实素质教育，完善培养体系。

突出以学生为中心，重点提升人才政治素质，将思政教育融入课堂教学，职业资格标准融入课程内容，双创教育、劳动教育融入贯穿课程体系，行业企业评价标准融入课业评价，实现全方位育人。将科技史、工程师史等宣扬爱国情怀的内容融入课堂教学，实现课程思政教育；将中美焊接协会联合制定的《国际机器人焊接培训与认证标准》等相关职业标准和教学资源纳入课程内容，提升学生职业素养；将 TRIZ 理论与应用、公益劳动等双创课程和劳动教育课程嵌入课程体系，提升学生创新创业能力；将“6S”管理、职业规范等职业素养融入课业评价，培育和传承工匠精神。在立德树人、双创教育、职业能力、职业素养的并重培养等方面进行探索和实践。如图 2-3 所示。

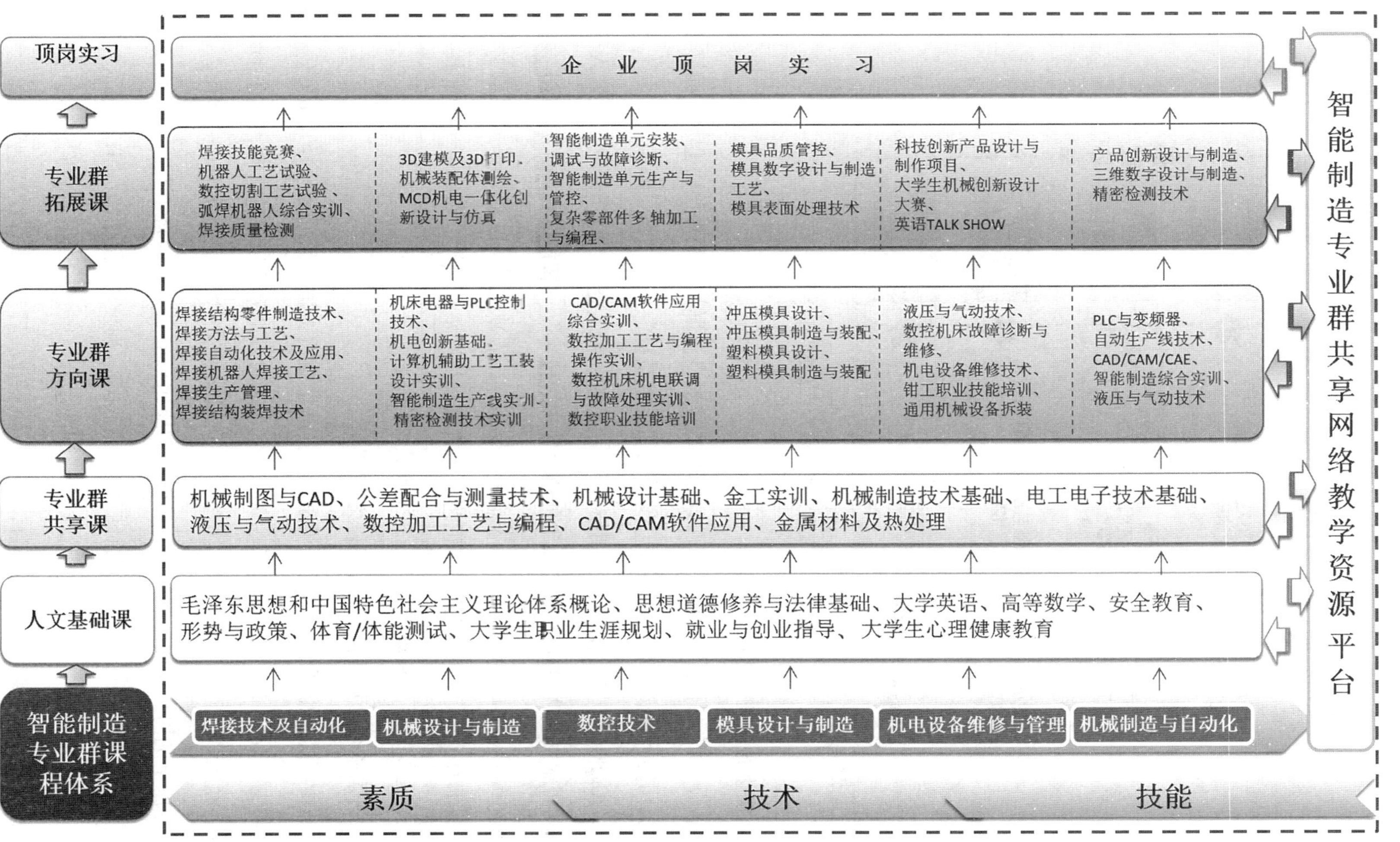

图 2-2　“共享课＋方向课＋拓展课”的专业群课程体系

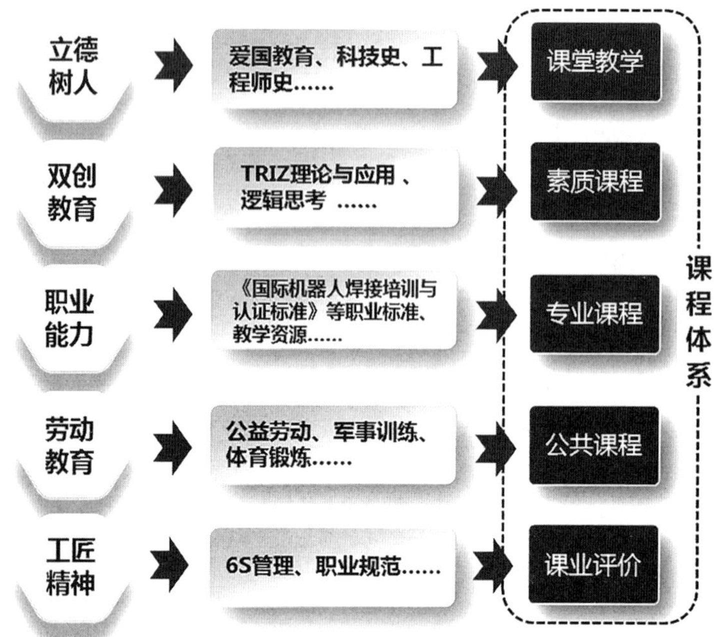

图 2-3 素质、能力培养“五维”融入图

3. 优化专业群优质核心课程

结合专业群人才培养目标，广西智能制造技术专业群与中国焊接协会、广西柳工集团有限公司等行业企业合作，共同开发“网络技术基础”“程序设计基础”“电工电子技术”“AUTOCAD”“传感器应用技术”专业群共享课程共 5 门，开发“机器人焊接工艺”“焊接结构先进制造技术”“自动化生产线技术”“智能焊接技术及应用”“数字化焊接集成与维护”“智能传感线装调与控制”“工业机器人工作站系统集成”“五轴加工技术及应用”“数控编程与工艺”“机械设计”“模具”“设备”专业群核心课程 12 门，建设省级或省级以上精品在线开放课程 2 门。

4. 开发综合素质拓展及创新创业教育课程

突破传统课程形式，通过专题讲座、专业技能竞赛、课题研究等途径，全方位、立体化对学生开设综合素质拓展课程，提高学生运用跨专业知识的能力，提升学生的综合实践能力和职业素养；将学院焊接协会、智能制造协会等学生社团作为有效载体，使学生在课堂所学的内容在课外得到进一步深化和应用，提高学生的自主学习、自主管理能力。对接和服务“互联网 +”、创新创业等国家战略，向学生精准供给“Triz 创新方法”等创新创业教育课程，促进学生创新创业意识的培养。依托智能制造协同创新中心，结合企业技术项目与学院教师科研项目，开发创新创业项目，培养学生的创新思维，促进学生创新能力的提升。

建设期内，力争开发综合素质拓展实践项目 20 项以上，开发创新创业教育课程及实践项目 10 项以上。

（三）课程教学资源建设与教法改革

1. 专业群资源库及平台建设

结合专业群课程建设与人才培养方案，广西机电职业技术学院与中国焊接协会、广西柳工集团有限公司等行业企业合作，共同开发基于“互联网 +”的教学资源平台。

对教学资源进行重新优化和整合，开发一系列微课、微视频、教学资源库，借助学院“智慧云平台”，结合“互联网 +”技术，构建随时、随地、随需的云端课堂，实现专业群教学资源的推广与共享。实施线上线下翻转课堂混合式教学改革，推倒传统课堂教学的“围墙”，努力营造以学生为中心、以问题为中心、以活动为中心的创新能力培养环境，提高学生的学习兴趣和积极性。建设期内，建成“机器人焊接工艺”“CAD/CAM 软件应用”“液压与气动技术”“机械设备装调与控制技术”等在线学习课程 15 门和智能制造专业群共享教学资源库 1 个。

2. 新形态教材建设

为满足项目教学的需要，全面考虑课程知识体系特点、企业实际产品生产、学生学习特点等，与相关企业合作，开发源于企业的真实工作项目的校企合作双元活页式教材。活页式教材根据职业岗位标准，将项目分解成多个活页式组合的可选任务，着重从职业素养、操作要求与规范、任务要求、实施过程、互动、习题、虚拟仿真等方面，以工作过程引导方式组织编写，并融入课程思政，同时配套提供电子课件、微视频、微课动画等信息化资源，打造新形态立体化教材，为学生提供自主学习的教学资源。活页式教材按照“源于生产，随技术发展和产业升级动态更新，动态调整”的思路，及时更新完善，确保新技术、新工艺、新规范及时进入课堂。

建设期内，拟开发《机器人焊接工艺》《多轴数控加工技术》《精密检测技术》《液压与气动技术》等校企双元活页式教材 4 部。

3. 混合式教学改革

校行企共同推进教学改革，探索混合式、模块化教学。

依托现代学徒制、AHK 双元制试点班，探索组建高水平、结构化教师教学创新团队，教师分工协作开展模块化教学模式。一是通过探索校企组建高水平、结构化教师教学创新团队的办法，构建“双元结构教师小组”，使专业理论教师与专业技能教师合作进行模块化教学，实现“双师型”教师的教学要求。二是在深入分析每个职业和技能的基础上，严格按照工作标准和要求，将教学大纲和教材编排成不同的教学模块，开发一体化教学工作页，设计有效的培养方案。三是选拔模块化教学各模块的讲师，做好教学团队分工协作，按照教学计划采用翻转课堂、即时互动教学、智慧教学等教学方式保质保量地完成所负责模块的教学任务。四是采用多元化考核评价体系，在教学过程中，进行全过程考核，即采用过程性、阶段性、总结性评价相结合的方式进行考核，加大实操在整个考核中的比例，考核时可聘请企业专家担任考官评委。

4. 教师教学创新团队建设

设立“支部工作室”，推动党建，促进业务发展，积极发挥党员同志的模范带头作用，以坚持党的领导为核心，立足产学研结合，通过“内培外引”“互聘共培”等方式，充分考虑教师队伍的个人特长及专业发展的需要，打破师资队伍传统组织管理模式和专业界限，整合校行企优势资源，以跨专业、跨校企的形式，重点建设专业带头人团队、教学创新团队、技术创新和科技服务团队。

（1）引进行业专家兼任专业群带头人

利用前期与行业企业合作的基础，建立高端智能制造工作室，引进大国工匠、行业专家兼任专业群建设带头人。借助大师工作室“招蝶引凤”，专业群各专业聘请 1 位智能制造领域的经验丰富的专家兼职担任专业带头人，与校内专业带头人组成专业“双带头人”。校企“双带头人”共同研究组织制订产教融合模式下的人才培养方案，并对人才培养方案实施全过程进行监督和指导。各专业带头人通过参加国内外先进教学理念培训、业内技术交流会与论坛，更新教育理念，开扩国际视野，提升业务水平；通过承担横、纵向科研项目，参与企业技术改造等途径，提高技术水平与服务能力。

（2）打造教学经验丰富、课程开发能力突出的教学创新团队

根据“教学工厂 + 课堂工学”交替的教学模式需求，联合企业兼职教师分别成立项目团队和课程团队，并组成高水平教学创新团队。

项目团队由企业技术总监、技术技能大师领衔，以企业技术专家和能工巧匠为主，以双师型教师为辅，负责工厂情境的项目实践教学任务。根据项目运行所需，选择企业中的能工巧匠或技术能手承担对应的教学任务，共同完成项目化教学。

课程团队由国家级教学名师领衔，以双师型教师为主，以企业技术能手和能工巧匠

为辅，负责课堂情境的专业课程教学。由擅长不同教学模块内容的学校教师和企业兼职教师共同完成课堂教学任务。

建设期内，培养教学名师1名、正高级职称教师5名，引进或培育全国技术能手1名、省级技术能手1名；承担市厅级以上教改科研课题10项，获自治区级信息化教学大赛奖3项以上，发表教研教改论文60篇以上。

（3）打造科研能力强、综合素质好的技术创新和科技服务专家团队

组建由专业群教师与来自相关行业企业的资深专家和技术人员组成的“焊接智能化工艺”“高端模具设计与制造”等技术创新和科技服务专家团队，充分发挥专家团队的能力优势，帮助企业解决新技术应用、设备维护维修、工艺优化、技术升级和新品研发等方面的问题，提升师资团队的技术服务能力；充分利用学院的科研经费，重点瞄准技术前沿、代表学院专业优势和特色的项目开展课题研究，使院级课题成为申报高层次科研项目和高水平科研成果的孵化器。建设期内，建设大师工作室2个，聘任能工巧匠2名，引进和培育高层次技能型兼职教师3名；力争向企业提供技术服务20次，承担自治区级以上科研课题8项，发表科研论文15篇。

通过建设专业带头人团队、教学创新团队、技术创新和科技服务团队，引导专兼职教师积极开展科研、教改和技术服务等工作，不断提升专业群教师的教育教学改革能力和科技创新能力，培育高水平的教师教学创新团队1个。

（四）产教融合实践基地建设

1. 共建校内外智能制造专业群共享实践基地

秉承“能力与素质结合、虚拟与现实结合、教学与生产合作、传统与先进结合、国内与国际结合”的理念，根据专业群面向的技术领域，与国内外知名企业合作，共同优化建设5个技术先进的“教学、培训、生产、研发、服务”五位一体的共享共赢的校内生产性实训基地和10个先进技术应用的校外实习基地。

1）紧跟制造技术数字化、智能化发展潮流，广西机电职业技术学院与相关公司共建智能制造技术中心、智能焊接技术中心、“数字孪生”智慧质量中心。借鉴企业化运作与管理模式，规范技术中心的组织管理，加强技术中心内涵建设，建成集技能训练、社会培训和对外技术服务于一体的综合性实践基地，形成产教深度融合的典范。

2）利用学院校企合作理事会的牵头作用，与相关企业建立紧密的合作关系，新建10个以上校外实训基地，拓宽学生顶岗实习、订单培养和教师下企业锻炼的渠道。

2. 打造高水平技术技能创新服务平台

（1）共建智能制造协同创新中心

完善机械创新实训室，依托广西机器人焊接工程研究中心和专业群校内的 3 个技术中心与相关企业在 3D 打印、工业机器人、精密加工与检测、焊接自动化等智能制造技术方面的教学、科研、生产优势，整合优质资源，共同搭建“教融于产，产促进研”的产学研深度融合的智能制造协同创新中心，探索协同创新研发与协同育人的机制体制。引导学生积极开展 MCD 仿真、机电产品创新设计与制作，注重学生系统集成和工程实践能力的锻炼，培养和锻炼学生创新技术，分析、解决技术难题的能力。建设期内，拟培育高素质的创新型应用人才 100 人以上。

（2）提升区域社会服务能力

充分利用智能制造协同创新中心的软、硬件资源，针对区域产业转型升级对智能制造高技术技能人才和新技术的需求，与行业、政府和企业合作，积极开展智能制造新技术、新工艺的应用研发与推广，以及协同创新高技术技能人才的培养和输送等工作。

1）开展技术服务。通过整合学校、行业、企业三方在智能制造领域的优质资源，聚焦区域内集群产业转型升级的共性需求，积极开展智能制造领域的新技术、新工艺的应用研究与推广，专注智能制造技术行业应用解决方案，解决企业在工艺优化、技术升级和新品研发等方面的问题，向区域内的智能制造企业辐射新技术、新技能，提供生产性技术服务，助推学校、企业自主创新能力的提升及创新型应用人才的培养，增强校企合作的紧密度，为地方产业转型升级做出应有的贡献。建设期内，获取专利 20 项以上；为区域内企业的技术研发和产品升级提供支持，开展技术服务 20 项以上，到款额 100 万元以上。

2）开展培训服务。加强与企业、行业及政府部门的合作，利用虚拟仿真技术及学校领先的教育科技资源，积极开展学历和非学历培训，实现学历教育与非学历培训并举、职前教育与在职培训相结合的多样化培训体系建设，打造“先进制造技术学习品牌”，开展企业职工技术培训、区域职业教育师资培训、面向农村地区及再就业人员培训；为社会人员、退伍军人、农民工提供学历教育、继续教育与终身学习服务。建设期内，拟开展新技术、新工艺的培训与技能鉴定 8000 人次以上，到款额 150 万元以上。

（五）国际交流与合作

围绕东盟区域经济社会发展需求，将国际化师资、国际化标准、国际化技术作为国际化合作与交流的重点，培养具有国际竞争力的高端技能型人才。

（1）提升专业群师资队伍的国际化程度

通过选派教师参加国际会议、与国外院校交流互访等途径，更多的教师熟悉国际职业教育先进的教学理念、教学方法和教学管理手段，重点培养一批具有国际视野、通晓国际行业标准的教师。

（2）拓展与欧美发达国家开展培训认证的途径

依托广西机器人焊接工程研究中心，与中国焊接协会、美国焊接学会共同制定国际机器人焊接培训与认证标准，并成立国际机器人焊接培训与资格认证站，联合开展国际机器人焊接操作员、焊接技师和焊接工程师等培训与资格认证；与德国焊接协会合作，引入国际焊接技师、焊接工程师的培训与资格认证标准，开展先进焊接技术的推广工作，推动国际焊接行业的发展。

与海克斯康测量技术（青岛）有限公司合作，引进国际先进的测量技术认证体系，开展 PC-DMIS 等国际化技能证书认证，年培训 150 人次以上。

（3）加强与东盟国家的职业教育合作

充分发挥专业群特色优势，加强与越南等国家的职业教育合作，为东盟国家职业院校相关专业的人才培养方案、实训基地建设等提供咨询服务，促进东盟国家职业院校的改革与发展；重点开发东盟国家职业学校的师资培训项目，不断提升学院和专业群的国际知名度和办学影响力。

（六）预期成效与标志性成果

1. 预期成效

经过三年建设，形成校企深度融合的“三递进，四融合”协同育人培养模式；建成专业群内各专业充分共享、各具特色的多维度课程体系和丰富的线上线下数字化课程资源；打造行业内有影响力的“大师、名师、技师”三师引领的高素质专、兼职教师队伍和国内一流的智能制造实践基地。把智能制造专业群打造成人才培养质量高、社会服务能力强、具有引领示范作用的国际知名、国内一流的标杆专业群。

（1）建成一流的智能制造实践基地

与国际智能制造领军企业共建智能制造技术中心、现代焊接技术中心、智能制造精密检测技术中心，全面支撑智能制造领域人才培养的实践教学、岗位对接培训等活动的实施。开展师资或企业员工各类培训、认证 8000 人次以上。

（2）协同创新能力和社会服务能力明显增强

依托专业群的3个校内技术中心和广西机械工业研究院等企业优质资源，共同搭建“教融于产，产促进研”的产学研深度融合的智能制造协同创新中心，为企业和智能制造专业群开展科研技术创新、工程项目开发、科技成果转化等创新创业活动提供平台；为智能制造、机械设计仿真、数控加工、机器人技术等行业、企业提供技术支持和技术服务，帮助企业转型升级，开发项目20项以上，技术服务到款额100万元以上，授权专利20项以上。

（3）深化教学改革，提高智能制造人才培养质量

围绕智能制造，深化课程改革，校企合作开发智能制造专业教材。建成在线学习课程15门，智能制造专业群共享教学资源库1个，“智慧实训教学与管理平台”1个；学生获国家级以上大赛奖项2项以上，区级大赛奖项8项以上；毕业生就业率保持在95%以上。

（4）国际化合作项目有新突破

积极开展与欧美发达国家的国际交流和合作办学活动，开拓国际职业资格认证项目，推进学生、教师或行业人员的国际职业资格认证工作；与越南等东盟国家的职业教育合作达2项以上，为东盟国家的技术人员提供技术培训150人次以上；对接东盟国家企业需求，开展机器人焊接工艺、智能制造工艺等项目的技术攻关和技术支持服务活动5项以上，不断提升专业群的国际知名度和办学影响力。

（5）双主体育人条件得到大幅改善

建设1个省级以上生产性实训基地，打造1个省级以上工程技术中心；成立1家混合制特征产业学院，研制1套双主体人才培养标准体系；力争培育1家省级产教融合企业。

2. 标志性成果

专业群建设标志性成果见表2–2。

表2–2　专业群建设标志性成果一览表

序号	标志性成果名称	级别及数量			
		国际级	国家级	自治区级	院级
1	高水平专业群建设	–	1	2	1
2	教学成果奖培育	–	1	1	2

续表 2–2

<table>
<tr><th rowspan="2">序号</th><th rowspan="2" colspan="2">标志性成果名称</th><th colspan="4">级别及数量</th></tr>
<tr><th>国际级</th><th>国家级</th><th>自治区级</th><th>院级</th></tr>
<tr><td>3</td><td colspan="2">职业标准建设</td><td>–</td><td>2</td><td>2</td><td>–</td></tr>
<tr><td>4</td><td colspan="2">规划教材建设</td><td>–</td><td>1</td><td>–</td><td>–</td></tr>
<tr><td>5</td><td colspan="2">活页式教材建设</td><td>–</td><td>1</td><td>2</td><td>5</td></tr>
<tr><td>6</td><td colspan="2">在线教学资源库建设</td><td>–</td><td>1</td><td>1</td><td>–</td></tr>
<tr><td>7</td><td colspan="2">在线精品课程建设</td><td>–</td><td>1</td><td>2</td><td>1</td></tr>
<tr><td>8</td><td colspan="2">产教融合实训基地建设</td><td>–</td><td>–</td><td>2</td><td>1</td></tr>
<tr><td>9</td><td colspan="2">产业学院建设</td><td>–</td><td>–</td><td>–</td><td>1</td></tr>
<tr><td>10</td><td colspan="2">示范性技术技能创新服务平台建设</td><td>–</td><td>–</td><td>1</td><td>1</td></tr>
<tr><td>11</td><td colspan="2">教师参加大赛获奖</td><td>1</td><td>2</td><td>5</td><td>–</td></tr>
<tr><td>12</td><td colspan="2">学生参加技能大赛获奖</td><td>2</td><td>3</td><td>8</td><td>–</td></tr>
<tr><td>13</td><td colspan="2">技能大师工作室建设</td><td>–</td><td>–</td><td>1</td><td>3</td></tr>
<tr><td>14</td><td colspan="2">教学名师培育或引进</td><td>–</td><td>1</td><td>1</td><td>–</td></tr>
<tr><td>15</td><td colspan="2">技术能手培养或引进</td><td>–</td><td>1</td><td>1</td><td>–</td></tr>
<tr><td>16</td><td colspan="2">教改科研课题</td><td>–</td><td>–</td><td>8</td><td>3</td></tr>
<tr><td>17</td><td colspan="2">国家专利</td><td>–</td><td>20</td><td>–</td><td>–</td></tr>
<tr><td>18</td><td colspan="2">校外人员培训与鉴定</td><td colspan="2">人次 / 年</td><td colspan="2">到款额（万元 / 年）</td></tr>
<tr><td></td><td colspan="2">（社会人员、企业职工等）</td><td colspan="2">1200</td><td colspan="2">200</td></tr>
<tr><td>19</td><td colspan="2">公开发表论文</td><td colspan="2">数量（篇）</td><td colspan="2">其中：中文核心（篇）</td></tr>
<tr><td></td><td colspan="2"></td><td colspan="2">60</td><td colspan="2">5</td></tr>
<tr><td>20</td><td colspan="2">对外技术服务</td><td colspan="2">项 / 年</td><td colspan="2">到款额（万元 / 年）</td></tr>
<tr><td></td><td colspan="2"></td><td colspan="2">10</td><td>100</td><td></td></tr>
<tr><td>21</td><td>国际交流与合作</td><td>输出标准或教学资源（项）</td><td>开展交流活动（项 / 年）</td><td>合作办学（项）</td><td>培养国际化人才（人 / 年）</td><td>制定国际标准（项）</td></tr>
<tr><td></td><td></td><td>2</td><td>2</td><td>2</td><td>50</td><td>2</td></tr>
</table>

项目建设经费预算见表 2–3。

表 2–3　项目建设经费预算

建设内容		资金预算（万元）					
		2021 年年度	2022 年年度	2023 年年度	2024 年年度	2025 年年度	合计
合计		4402.00	4557.50	3348.00	2814.00	3014.00	18135.50
人才培养模式与课程体系建设	1. 人才培养模式改革与课程体系建设	20.00	20.00	20.00	20.00	20.00	100.00
	2. 产业学院建设	840.00	1250.00	1460.00	1660.00	1860.00	7070.00
	3. 其他	5.00	5.00	5.00	5.00	5.00	25.00
	小计	865.00	1275.00	1485.00	1685.00	1885.00	7195.00
课程资源建设	1. 专业群资源库及平台建设	130.00	230.00	45.00	45.00	45.00	495.00
	2. 职业教育精品在线开放课程建设	60.00	120.00	120.00	60.00	60.00	420.00
	3. 其他	0.00	0.00	0.00	0.00	0.00	0.00
	小计	190.00	350.00	165.00	105.00	105.00	915.00
教材与教法改革	1. 新形态教材建设	10.00	10.00	10.00	10.00	10.00	50.00
	2. 规划教材建设	10.00	10.00	10.00	10.00	10.00	50.00
	3. 线上、线下混合式教学改革	10.00	10.00	10.00	10.00	10.00	50.00
	小计	30.00	30.00	30.00	30.00	30.00	150.00
师资队伍建设	1. 专业群带头人培养	6	6	6	6	6	30.00
	2. 骨干教师培养	6	6	6	6	6	30.00
	3. 兼职教师	2.00	2.00	2.00	2.00	2.00	10.00
	4. 教师教学创新团队建设	15.00	15.00	15.00	15.00	15.00	75.00
	小计	29.00	29.00	29.00	29.00	29.00	145.00

续表 2-3

建设内容		资金预算（万元）					
		2021 年年度	2022 年年度	2023 年年度	2024 年年度	2025 年年度	合计
合计		4402.00	4557.50	3348.00	2814.00	3014.00	18135.50
产教融合基地建设	1. 实训基地 1（焊接）	839.00	750.00	320.00	60.00	60.00	2029.00
	2. 实训基地 2（制造）	372.00	390.00	250.00	200.00	200.00	1412.00
	3. 实训基地 3（机制）	700.00	306.50	254.00	120.00	120.00	1500.50
	4. 实训基地 4（模具）	200.00	300.00	200.00	60.00	60.00	820.00
	5. 实训基地 5（数控）	600.00	320.00	320.00	300.00	300.00	1840.00
	6. 实训基地 6（设备）	152.00	220.00	120.00	60.00	60.00	612.00
	7. "1+X" 职业技能培训中心	400.00	512.00	100.00	100.00	100.00	1212.00
	小计	3263.00	2798.50	1564.00	900.00	900.00	9425.50
国际交流与合作	1. 国际化职业教学标准的建设与推广	10.00	20.00	20.00	10.00	10.00	70.00
	2. 国际化职业教学、培训、技术服务合作	10.00	50.00	50.00	50.00	50.00	210.00
	3. 其他	5.00	5.00	5.00	5.00	5.00	25.00
	小计	25.00	75.00	75.00	65.00	65.00	305.00

第四节　专业人才培养方案

根据专业群建设方案及人才培养定位，确定专业人才培养方案（以数控技术专业2019级人才培养方案为例）。

一、专业名称及代码

（1）专业名称：数控技术。

（2）专业代码：580103。

（3）所属专业大类及专业类：56 装备制造大类、5603 数控技术类。

二、入学要求

高考或单独招生录取的高中毕业生、对口招生录取的中职毕业生。

三、修业年限

三年。

四、职业面向及职业能力

（一）职业面向

就业面向的行业：机械、电子、汽车制造、化工、冶金、材料、医疗器械等。

主要就业单位类型：加工制造型、生产服务型。

可从事的工作岗位见表 2-4。

表 2-4　岗位能力分析表

序号	岗位名称	岗位类别		岗位描述	岗位能力	职业技能等级证书
		初始岗位	发展岗位			
1	数控机床操作工岗	☑	☐	根据零件图纸及机械加工工艺文件，操作数控机床完成零件加工，并对数控机床进行日常维护	能够熟练操作机床加工出合格的产品零部件	车工 铣工
2	数控工艺和编程岗	☑	☐	根据零件图纸进行零件加工工艺分析；确定加工工艺路线，编制加工工艺文件；手工或运用 CAM 软件编制数控加工程序，完成零件加工	能够根据产品要求合理安排工艺，并能够熟练编制加工程序	车工 铣工
3	机械产品设计岗	☐	☑	负责机械产品测绘、制图，完成产品造型设计、结构设计、创新设计等工作	掌握机械原理，能根据产品要求完成机械零部件的设计、测绘、制图，能掌握一种二维、三维 CAD 软件	CAD/CAM 工程师证

续表 2–4

序号	岗位名称	岗位类别		岗位描述	岗位能力	职业技能等级证书
		初始岗位	发展岗位			
4	数控机床维修岗	☐	☑	根据数控设备技术要求，对数控机床机械部件进行精度检测，对数控机床控制系统进行电气连接及故障处理	能够对数控设备进行维护和维修	电工
5	产品质量检测与管理岗	☑	☐	根据零件图纸及技术要求，制订零件检测方案，编制检验报表；运用检测工具进行新产品或零件质量检验；出具检验报告及相关质量分析报告	能熟练使用常用量具和检测设备及分析检测数据	
6	机床设备售后服务岗	☑	☐	联系和走访客户，完成所售仪器设备的安装调试及售后服务	仪器的售后服务能力	

（二）典型工作任务及其工作过程（见表 2–5）

表 2–5 典型工作任务及工作过程分析表

序号	典型工作任务	工作过程
1	职业道德素质教育	通过入职前培训（安全工作培训、工作环境布置培训、危险情况的急救培训、相关规章制度和法律法规的培训），熟悉岗位工作的性质、环境、对象，以及相关法律法规，具备高技能型人才的职业素质，注意工作中的安全与健康保护
2	数控机床操作	数控机床操作工主要按安全生产操作标准规定的要求负责指定设备的操作，服从生产调度并按时、按量、按质完成公司的各项生产计划。数控机床操作工在生产车间一般以单个员工的形式独立工作，主要涉及数控机床的操作，设备生产过程中工件的质量控制，相关工装及量具的正确使用、日常保养和维护等工作任务。在工作过程中能逐渐培养数控机床操作工的基本职业技能和素质
3	数控加工工艺分析与文件编制	数控工艺员主要能根据产品图纸、技术要求及企业实际情况进行加工工艺设计，确定加工工序及工艺内容、工艺参数、工艺装备以及工时定额等，并编制工艺文件，现场指导一线生产人员正确实施工艺。数控工艺员在工艺室一般以单个员工的形式独立工作，必须熟练识读机械图纸，熟练掌握常用金属材料加工性能，主要涉及根据产品图纸、技术要求及企业实际情况进行加工工艺设计，现场指导一线生产人员正确实施工艺，分析和解决生产过程中的突发事件等工作任务。在工作过程中能逐渐培养数控工艺员的基本职业技能和素质

续表 2-5

序号	典型工作任务	工作过程
4	数控编程	根据零件图纸及机械加工工艺文件，基于不同数控系统的编程标准，手工或运用 CAM 软件编制数控加工程序，完成零件加工
5	机械产品设计及制造（运用 CAD/CAM 软件）	基于机械方面的技术标准与规范，识读机械零件工程图，进行机械零部件外形与结构的设计建模，完成相关装配、运动仿真及工程制图等操作。确定零件加工工艺路线，使用CAM软件生成零件加工刀路，输出后处理程序，利用仿真验证加工可行性，完成相关工艺文件的编制工作
6	数控机床 PLC 程序编制、调试	数控机床 PLC 程序编制与调试岗工主要根据数控机床的控制原理和数控机床工作过程的要求，完成数控机床各个部件 PLC 程序的编制。编程时要深刻理解数控机床各个部件的工作原理、部件正常工作的限制条件以及各个部件间的关系，程序中要求体现相关的控制条件和各个部件间的逻辑关系。编程后完成程序的上传和下载，根据部件的功能进行编辑、修改、完善，实现机床的 PLC 控制
7	数控机床故障诊断与维修	数控机床维护与维修工主要根据设备的具体性能、使用条件、机床出现的故障现象，对故障的可维修性和故障程度进行预判，对可维修的故障制订合理的检测方案，然后依据检测方案进行有序、合理的检测（包含机械、电气、PLC、液压、气动等方面的故障），检测过程中要求遵守常见的检测原则，掌握常用的检测方法，正确使用检测工具，迅速判断故障点然后解决故障，恢复机床正常功能，最后做好故障记录（包括故障部位、故障现象、故障原因分析和解决策略）；对于不可维修故障，要求迅速向维修工程师或主管领导汇报，然后配合相关人员开展故障维修
8	数控机床机械部件拆装调试	数控机床机械装调工或数控机床机械装调工艺员主要按照数控机床部件的结构、性能和国家标准制订数控机床机械部件的装调工艺（包含部件上零件的安装顺序、安装方法、安装标准、检测工具和安装工具），装调维修工严格按照装调工艺进行操作，要求能够正确使用通用工具和专用工具，拆装、检测方法规范合理，装配精度以达到拆装工艺规定的标准为准。装配完成后，要严格按照国家标准进行调试和精度检验，要求熟知调试标准和检验标准，能够正确使用检测仪器进行精度检验，同时能够实时处理调试过程中出现的问题
9	机器人操作	机器人操作员主要按照工艺指导文件等相关文件的要求完成作业准备；使用示教器、操作面板等人机交互设备，进行生产过程的参数设定与修改、菜单功能的选择与配置、程序的选择与切换；进行工业机器人系统工装夹具等装置的检查、确认、更换与复位；观察工业机器人工作站或系统的状态变化并做相应操作，遇到异常情况执行急停操作等；填写设备装调、操作等记录。要求熟悉自动化设备电气原理，能够完成机器人设备的故障分析、维修维护、程序优化、新型调试等

续表 2–5

序号	典型工作任务	工作过程
10	智能制造产线操作	智能制造生产线操作人员应按照操作规范，安全、合理地操作自动化设备，根据设计和工艺要求，设计产品，安排工艺路线，编制数控程序；使用智能化车间管理系统安排生产，操作五轴加工中心、电火花机、慢走丝线切割机等设备进行加工，操纵机器人上下料，实现智能化生产；对智能制造设备进行日常维护保养，排除简单故障，具有良好的团队意识和协同工作能力，不断在实践中积累实践经验，提高职业技能和劳动素质
11	精密零件检验与检测	按照 ISO9001 标准要求建立质量管理体系，依据质量检验制度对生产的产品进行检验，对生产过程中的产品质量检验记录进行整理，根据检验记录对生产工艺进行分析、诊断；落实“自检、互检、抽检”三检措施，实现产品零缺陷；对检验仪器进行配置、使用、校正和维护保养，保证检验工作的正常进行；熟悉各岗位仪器的性能、使用方法及一般日常维护方法，认真、及时、准确地做好各项检测的原始记录，数据处理遵循三级检查制。负责对生产过程中的质量记录进行收集、整理、归档，建立公司的质量管理档案；对质量报表及时填报、汇总和上报；参与技术标新检验方法的制订验证工作
12	多轴数控机床操作	操作工按国家职业等级标准规定的要求，做工艺准备（读图与绘图、确定加工工艺、工件定位与夹紧、刀具准备、编制程序、设备维护保养）、工件加工（各类型零件加工、输入程序、对刀、试运行、简单零件的加工）、精度检测及误差分析
13	多轴数控加工工艺分析与制定	包括对多轴加工新产品生产技术工艺参数的设计、调整和修改，以及工艺文件的编制，生产线的工艺技术应用、工艺治理和现场指导，所属产品制造过程中问题的解决、反馈、预防。参与产品设计开发中的试生产和组装实验任务，积极与相关人员商讨确定最经济的加工工艺。负责生产过程工艺指导和技术文件的编制、更改、补充和完善。负责生产过程工艺装备的改进，使其适应和推进公司效率的提高

五、培养目标与培养规格

（一）培养目标

数控技术专业面向机械制造业，培养具有良好的职业道德和正确的职业意识，有一定的创新能力，掌握机械设计与制造所需的专业知识，具备较强专业技能和实际工作能力，适应生产、建设、管理和服务第一线需要的高素质技能型专门人才，培养目标见表 2–6。

表 2–6　数控技术专业培养目标

序号	具体内容
A	具有本专业必需的科学文化基础，熟悉数控技术应用岗位的知识（理论或方法），掌握能胜任专业面向岗位与岗位群工作的数控加工工艺与编程、CAD/CAM 软件应用、操作数控设备加工零件和对数控设备进行维护与管理的技术与技能，以及具有职业生涯持续发展能力
B	能够在工作中发挥有效的领导、沟通和协调作用
C	能够使自身行为符合很高的道德水准
D	能够使终身学习内化于心
E	能够为经济社会发展贡献才智

（二）培养规格（见表 2–7）

表 2–7　数控技术专业培养规格

<table>
<tr><td rowspan="4">知识</td><td colspan="2">大学专科层次的人文科学知识</td></tr>
<tr><td colspan="2">必要的文化基础知识和机械工程技术的基本理论知识</td></tr>
<tr><td>必备的专业理论知识</td><td>1. 掌握数控机床的基本原理。
2. 掌握常用数控系统编程的基本指令。
3. 掌握典型 CAD/CAM 软件应用。
4. 掌握机械制造技术基础知识。
5. 掌握数控机床故障诊断与维护基础知识。
6. 掌握材料热处理工艺原理</td></tr>
<tr><td colspan="2">一定的生产管理知识</td></tr>
<tr><td rowspan="2">能力</td><td>通用能力</td><td>1. 计算机操作与办公软件应用能力。
2. 借助工具阅读英语技术资料的能力。
3. 较好的语言表达与文字写作能力。
4. 较好的人际交流与团队合作能力。
5. 较好的自主学习能力</td></tr>
<tr><td>专门能力</td><td>1. 能阅读和理解数控机床使用说明书。
2. 具有操作典型数控机床加工机械零件的能力。
3. 具有使用通用量具检测机械零件加工精度的能力。
4. 具有对加工机械零件过程中出现的产品质量问题进行分析和处理的能力。
5. 具有运用典型 CAD/CAM 软件进行二维、三维图形设计及生成数控加工程序的能力。
6. 具有使用通用电器仪器仪表检测电路状态的能力。
7. 具有判断与处理数控机床常见故障的能力。
8. 具有生产现场管理的能力。
9. 了解并实施操作数控机床的安全操作规程及数控机床操作工 6S 管理要求。
10. 具有考取与专业相关的职业资格证书的能力</td></tr>
</table>

续表 2-7

	拓展能力	1. 数控加工生产工艺管理的能力。 2. 模具生产工艺能力。 3. 产品质量管理与检测能力
	方法能力	1. 按照科学的方法不断获取新知识、新技术的能力。 2. 制订工作中相关技术方案，并用科学的方法组织和实施的能力。 3. 自主确定和调整学习、工作计划，不断总结、提升质量，以满足岗位需求的能力。 4. 借助参考资料、网络、手册等进行信息的获取、分析与使用的能力。 5. 及时发现并正确处理工作、生活中各种问题的能力。 6. 决定和计划能力，时间管理与评价的能力
素质	政治素质	1. 树立正确的世界观、人生观和价值观。 2. 具有良好的道德修养和身心素质。 3. 遵纪守法的意识。 4. 热爱祖国、振兴中华的使命感。 5. 拥护党和国家的路线、方针、政策
	职业素质	1. 具有良好的职业道德和敬业精神。 2. 树立诚实守信意识和责任意识，有良好的社会责任感和使命感。 3. 严格遵守职业规范及操作规程，具有较强的安全和环保意识
	人文素质	正确对待自然，正确对待社会，正确对待他人，正确对待自己的行为与作为
	身心素质	1. 具有一定的体育运动和生理卫生知识，养成良好的锻炼身体、讲究卫生的习惯，掌握一定的运动技能，达到国家规定的体育健康标准。 2. 具有坚韧不拔的意志，积极乐观的态度、良好的人际关系、健全的人格品质和心理素质

六、毕业要求

学生必须具备以下条件，方可毕业：

1）毕业生完成 2771 学时 /159.5 学分的学习（含专业必须课、限选课、公共课及选修课），并经考核合格；

2）符合学分制学籍管理控制程序的相关规定。数控技术专业毕业能力要求见表 2-8。

表 2-8　数控技术专业毕业能力要求

序号	毕业能力要求	对应的培养目标
1	能够将专业理论知识、操作技能、先进技术应用于机械新产品生产中	A、D
2	能够识别、提出并解决机械零件加工和设备维护问题	A、C
3	能够使用先进制造技术，具备产品生产所必需的技能、技巧	A、D
4	能够设计和改进产品，并能应用到实际	A、D
5	具有对机械零部件加工质量进行检测、处理和分析的能力	A、D
6	具有对智能化机电设备进行安装、调试和维护的能力	A、D
7	能够在跨领域的团队中发挥有效的领导、协作和沟通作用	B、C
8	能够形成诚实守信、爱岗敬业、精益求精、实事求是的品德	C、E
9	能够有效进行口头和书面的交流	B、C、E
10	能够通过多途径的学习，知晓数控技术专业工作在全球化、经济、环境和社会背景下可能产生的影响	A、E
11	能够不断自主学习，更新和丰富学识，具有终身学习的意识	D
12	能够了解时事政治和经济发展趋势，愿意为经济社会发展作出贡献	E

七、课程设置及要求

（一）公共基础课程（见表 2–9）

表 2–9　公共基础课程

序号	课程名称	总课时	课程目标	主要内容	教学要求
1	毛泽东思想和中国特色社会主义理论体系概论	64	本课程的学习，使学生更加准确地把握马克思主义中国化进程中形成的两大理论成果，为学生提供科学思维和马克思主义的世界观、方法论，帮助学生领会马克思主义中国化理论成果的精神实质；使学生深刻认识中国共产党领导人民进行革命、建设、改革的历史进程、历史变革、历史成就，透彻理解中国共产党在新时代坚持的基本理论、基本路线、基本方略；提升学生运用马克思主义立场、观点和方法认识问题、分析问题和解决问题的能力。学生坚定对中国特色社会主义的“四个自信”，努力成为中国特色社会主义事业的建设者和接班人，自觉为实现中华民族伟大复兴的中国梦而奋斗	本课程以马克思主义中国化为主线，以毛泽东思想和中国特色社会主义理论体系为主题，以马克思主义中国化的最新成果，即习近平新时代中国特色社会主义思想为重点，系统讲授毛泽东思想、邓小平理论、“三个代表”重要思想、科学发展观和习近平新时代中国特色社会主义思想的形成过程、主要内容、历史地位等，全面展示中国共产党把马克思主义基本原理与中国革命、建设和改革实践相结合，为中国人民谋幸福，为中华民族谋复兴的理论探索与实践历程	本课程教学内容理论性强，与社会现实联系紧密。要在教学内容选择、教学方法、教学模式、教学评价等方面都紧密结合高职学生特点，突出基本理论的讲解，注重典型案例的分析，引导学生参与课堂教学，灵活运用多种教学方法和现代化教学手段，增强学生的获得感，提高学生的满意度

续表 2-9

序号	课程名称	总课时	课程目标	主要内容	教学要求
2	思想道德修养与法律基础	48	本课程旨在通过理论学习和实践体验，帮助大学生进一步提高分辨是非、善恶、美丑的能力和加强自我修养的能力，帮助其形成崇高的理想信念，增强其爱国主义情感，帮助其确立正确的世界观、人生观、价值观，学习和践行社会主义核心价值观，从而全面提高大学生的思想道德素质与法律素养，使其逐渐成长为德智体美全面发展的社会主义事业的合格建设者和可靠接班人	一、人生的青春之问。 二、坚定理想信念。 三、弘扬中国精神。 四、践行社会主义核心价值观。 五、明大德、守公德、严私德。 六、尊法、学法、守法、用法	①本课程以社会主义核心价值观为主线，针对大学生成长过程中面临的思想道德和法律问题，开展马克思主义的世界观、人生观、价值观、道德观和法治观教育。 ②教学要达到科学性、思想性、创新性、针对性和实践性的统一。 ③理论教学和实践教学相结合，教学方式灵活多样。 ④学习成绩评定应注重科学性、合理性。注意把学生的学习态度、平时成绩、卷面成绩、实践成绩等方面结合起来

续表 2–9

序号	课程名称	总课时	课程目标	主要内容	教学要求
3	形势与政策	40	帮助学生正确认识国内形势，以及国家改革与发展所处的国际环境、时代背景，正确理解党的基本路线、重大方针和政策，正确分析社会关注的热点问题，激发学生的爱国主义热情，增强其民族自信心和社会责任感，使其把握未来，勤奋学习，成才报国	重点讲授党的理论创新最新成果，重点讲授新时代坚持和发展中国特色社会主义的生动实践，引导学生正确认识世界，正确认识中国特色和国际比较，正确认识时代责任和历史使命。开设全面从严治党形势与政策的专题，重点讲授党的政治建设、思想建设、组织建设、作风建设、纪律建设以及贯穿其中的制度建设的新举措新成效；开设我国经济社会发展形势与政策的专题，重点讲授党中央关于经济建设、政治建设、文化建设、社会建设、生态文明建设的新决策新部署；开设港澳台工作形势与政策的专题，重点讲授坚持“一国两制”、推进祖国统一的新进展新局面；开设国际形势与政策专题，重点讲授中国坚持和平发展道路、推动构建人类命运共同体的新理念新贡献	本课程教学内容根据教育部和省教育厅下发的每学期“形势与政策教育教学要点”并结合我校教学实际情况和学生关注的热点、焦点问题来确定

续表 2-9

序号	课程名称	总课时	课程目标	主要内容	教学要求
4	大学生心理健康教育	24	通过教学，帮助学生认识心理现象，树立培养心理健康的意识，能尽快适应大学生活；帮助学生掌握有效的人际沟通方式，提高人际交往能力；帮助学生正确认识恋爱与性心理，正确认识生命的内涵和死亡，掌握挫折自我调适的方法并学会应对生活、学习中可能产生的心理危机；帮助学生认识自我，通过正确认识自我、改变自我，进而完善自我	第一讲　心理健康概述 第二讲　人际关系 第三讲　恋爱与性心理 第四讲　生命教育 第五讲　自我意识	理论与实践相结合，以“发展式”教育为目标，强调教学的实用性，培育大学生自尊自信、理性平和、积极向上的社会心态
5	安全教育	24	增强安全意识，掌握安全知识，提高自我保护能力	1. 国家安全；2. 人身安全；3. 财产安全；4. 消防安全；5. 交通安全；6. 食品安全；7. 网络安全；8. 社交安全；9. 求职安全；10. 心理安全；11. 防范毒品；12. 自然灾害	面授
6	军训及入学教育	60	通过军训及入学教育，培养学生对学院、专业的认同感，培养学生的集体主义和艰苦奋斗精神，提高学生的遵纪守法和安全防范意识，为争做文明的大学生打下良好基础	1. 开学第一课；2. 校史教育；3. 安全教育；4. 开学典礼；5. 法纪校规教育；6. “学生手册”学习；7. 专业教育；8. 心理健康教育；9. 入党启发教育；10. 入馆教育；11. 军事训练	理论教学、现场观摩和实操相结合
7	军事理论	32	掌握基本军事理论素养，增强国防意识，促进爱国主义教育	1. 中国国防；2. 国家安全；3. 军事思想；4. 现代战争；5. 信息化装备	面授

续表 2–9

序号	课程名称	总课时	课程目标	主要内容	教学要求
8	职业生涯与发展规划	15	通过课程教学，学生应当在态度、知识和技能三个层面达到以下目标： 态度层面：通过本课程的教学，学生应树立职业生涯发展的自主意识，树立积极正确的人生观、价值观和就业观念，自觉把个人发展和国家需要、社会发展相结合，愿意为个人成长、家庭幸福和社会发展作出积极的努力，主动、顺利地实现就业。 知识层面：通过本课程的教学，学生应基本了解职业发展的阶段特点；较为清晰地认识自己的特点、职业的特性以及社会环境；了解职业生涯规划的基本理论和方法；了解就业形势与政策法规；掌握基本的劳动力市场信息和相关的职业分类知识。 技能层面：通过本课程的教学，学生应掌握自我探索技能、信息搜索与管理技能、生涯决策技能、求职技能等，同时提高沟通交流、解决问题、自我管理和人际交往等能力	第一讲：职业启蒙 第二讲：自我认知 第三讲：探索职业与生涯规划概述 第四讲：职业生涯规划设计 第五讲：职业生涯规划的实施与管理	通过本模块的教学，学生能认识职业在人生发展中的重要地位，了解职业生涯规划的基本理论和方法，自觉建立职业生涯规划意识；掌握自我探索技能和生涯决策技能，学会正确认知自我，能够根据自身情况理性规划毕业时的起始职业和今后较长时期的职业发展日标，在校期间精心组织实施并持续改进

续表 2-9

序号	课程名称	总课时	课程目标	主要内容	教学要求
9	职业素养提升	12	通过课程教学，学生应当在态度、知识和技能三个层面达到以下目标： 态度层面：通过本课程的教学，学生应树立职业生涯发展的自主意识，树立积极正确的人生观、价值观和就业观念，自觉把个人发展和国家需要、社会发展相结合，愿意为个人成长、家庭幸福和社会发展作出积极的努力，主动、顺利地实现就业。 知识层面：通过本课程的教学，学生应基本了解职业发展的阶段特点；较为清晰地认识自己的特点、职业的特性以及社会环境；了解职业生涯规划的基本理论和方法；了解就业形势与政策法规；掌握基本的劳动力市场信息和相关的职业分类知识。 技能层面：通过本课程的教学，学生应掌握自我探索技能、信息搜索与管理技能、生涯决策技能、求职技能等，同时提高沟通交流、解决问题、自我管理和人际交往等能力	第一讲：就业形势与政策分析 第二讲：就业能力的培养 第三讲：职业素养的提升 第四讲：职业素养培养训练案例分析	通过本模块的教学，学生能了解当前就业形势、就业环境和就业政策，增强提高就业能力和职业素养的紧迫感；了解具体职业、岗位的能力要求，有针对性地培养和提高自己的就业能力；了解职业素养在个人职业发展中的重要作用，掌握提升个人职业素养的方法，积极实践训练，以胜任未来的工作

续表 2-9

序号	课程名称	总课时	课程目标	主要内容	教学要求
10	就业与创业指导	12	通过课程教学，学生应当在态度、知识和技能三个层面达到以下目标： 态度层面：通过本课程的教学，学生应树立职业生涯发展的自主意识，树立积极正确的人生观、价值观和就业观念，自觉把个人发展和国家需要、社会发展相结合，愿意为个人成长、家庭幸福和社会发展作出积极的努力，主动、顺利地实现就业。 知识层面：通过本课程的教学，学生应基本了解职业发展的阶段特点；较为清晰地认识自己的特点、职业的特性以及社会环境；了解职业生涯规划的基本理论和方法；了解就业形势与政策法规；掌握基本的劳动力市场信息和相关的职业分类知识。 技能层面：通过本课程的教学，学生应掌握自我探索技能、信息搜索与管理技能、生涯决策技能、求职技能等，同时提高沟通交流、解决问题、自我管理和人际交往等能力	第一讲：求职准备 第二讲：应聘实务 第三讲：职业成功 第四讲：本专业近几年毕业生就业成长路径分析	通过本模块的教学，学生应能进一步了解国家有关高校毕业生的就业政策，了解现阶段的基本国情，正确认识就业市场和就业形势，树立正确的就业观念；掌握就业基本知识和技能，学会认识自己，确立职业方向，积极参加顶岗实习（就业）单位招聘，主动、顺利地实现就业；了解职业发展，规划个人成长及发展路径，学会正确应对就业过程中的权益纠纷，实现职业成功；了解本专业近几年毕业生在不同产业、区域、行业就业的优缺点和风险，找到适合自己的职业发展路径

续表 2-9

序号	课程名称	总课时	课程目标	主要内容	教学要求
11	大学英语	96	培养学生在职场环境下使用英语的基本能力。以听力理解、阅读理解和语法词汇解析为主要方式，配合学生在未来职场可能应用英语的工作场景，提高学生的英语语言文字应用技能，以及涉外实际事务分析和处理能力。同时，让学生了解中西方文化差异，初步提升学生对西方文化的认识，以及对国际礼仪、商务知识和职场事务的办理流程的了解，从而全面提高学生对整个世界的思辨能力，形成多元化的知识结构，强化学生的爱国主义情怀	①知识目标：掌握接待、建立商务关系、出行安排、内部沟通等相关的常用英语词汇、语法、句型和文体。 ②技能目标：能使用英语口语完成常见的职场日常工作英语交流任务，如使用英语口语汇报工作；能读懂上述相关英语资料；能完成上述相关中等难度的表格和书信写作，如撰写简单的调查报告。 ③素质目标：能深入了解上述范围相关的商务工作和职场工作流程，并了解其中蕴含的礼仪和交流技巧，初步建立对职场文化的理解	提高学生的综合文化素养和跨文化交际意识，培养学生的学习兴趣和自主学习能力，使学生掌握有效的学习方法和学习策略，为提升学生的就业竞争力及未来的可持续发展打下必要的基础
12	高等数学	48	对接各类专业人才培养目标，学生应掌握有关的基础理论知识和基本技能，具有熟练的基本运算能力和一定的逻辑思维能力，学会运用数学方法分析问题和解决实际问题，为学习专业技术课程等后续课程提供有力的学习保障	数列与极限、一元函数微积分	利用网络教学平台实现线上＋线下混合式教学
13	体育	108	增强学生体育意识，提高体育能力，增强体质，促进身心全面发展，养成体育锻炼的习惯	采用体育“1+3”二阶段课程模式，即“一学期基础课＋三学期选项必修课”。 在第一学期开设，主要发展学生的有氧耐力和下肢爆发力素质。 在第二、三、四学期开设学生们感兴趣的体育专项课程，培养学生兴趣	按照教师要求完成教学要求

续表 2–9

序号	课程名称	总课时	课程目标	主要内容	教学要求
14	计算机应用技能实训	30	本课程旨在培养学生的计算机应用能力。使学生熟练掌握计算机基本操作技能。以 Windows 为操作平台，要求全面掌握办公应用软件操作的各项技能，能够独立使用计算机对文字、数据、演示文稿、中文操作系统和其他事务信息进行处理，从而进一步拓展对该办公软件的综合应用能力。具有使用计算机获取信息、加工信息、应用信息的基本素养，以及观察问题、分析问题、独立解决问题的能力，最终达到理论联系实际的教学效果	本课程分两部分，一部分是理论基础知识，另一部分是实训实战。 ①实战一：在网络基础知识教学中，教会学生如何正确安全地使用网络，提高其网络安全意识。 ②实战二：在 Word 教学中将环境保护与文化遗产作为 Word 模块的编辑素材，在“思政园地”，融入了时代楷模、抗疫英雄及大国工匠等电子板报的制作。 ③实战三：在 Excel 教学模块中融入了校园网贷、全球法律与秩序报告及自由贸易试验区等元素，让学生进行讨论，了解国家经济发展趋势，心系祖国发展。 ④实战四：在 PPT 教学中以征文活动为主线，以“奋斗青春，担时代重任”为题进行讲解。融入了中国传统节日、少数民族传统节日相关素材	通过案例讲解，教师引导，以讨论、电子板报、电子表格、演示文稿的制作等形式表现出来，通过对作品进行评价，提高学生的动手能力，在教学的过程中，自然融入思政元素，起到润物细无声的作用
15	劳动教育	16	通过教学，引导学生亲历劳动过程，体验劳动艰辛，在劳动中学习，在劳动中出力流汗，磨炼意志，培养正确的劳动观和良好的劳动品质，并升华思想境界	1. 劳动与劳动教育；2. 劳模与劳模精神；3. 工匠与工匠精神；4. 职业与职业教育；5. 创新与创新教育	理论教学和实践活动相结合

（二）专业（技能）课程

专业课程体系可用图、表的方式进行阐述，应体现所设置的课程体系与岗位典型工作任务间的关系，如表 2-10、表 2-11 所示。

表 2-10　数控技术专业课程体系（一）

序号	课程名称	课程属性	对应的典型工作任务
1	机械制造技术	专业基础课	职业道德素质教育 数控加工工艺分析与确定
2	数控加工工艺与编程操作实训 A	专业核心课程	职业道德素质教育 数控机床操作 数控编程 数控加工工艺分析与确定
3	CAD/CAM 软件应用Ⅰ、Ⅱ	专业核心课程	机械产品设计及制造 数控加工工艺分析与确定
4	机床电器与 PLC 控制技术 A	专业核心课程	数控机床 PLC 程序编程、调试 数控机床故障诊断与维修
5	数控机床机电联调与故障处理实训	专业核心课程	数控机床故障诊断与维修 数控机床机械部件拆装调试
6	机器人技术实训	专业核心课程	机器人操作
7	智能制造生产线实训	专业核心课程	智能制造产线操作
8	精密检测技术实训 A	专业核心课程	精密零件检验与检测
9	多轴联动数控编程及加工	专业核心课程	多轴数控机床操作 多轴数控加工工艺分析与确定
10	现代制造技术综合实训	专业核心课程	数控机床操作 数控编程 数控加工工艺分析与确定 多轴数控机床操作 多轴数控加工工艺分析与确定

专业课程体系应涵盖所有毕业要求，支撑所有指标点的训练和培养，采用课程矩阵的方式表述课程、毕业要求、指标点三者之间的对应关系。

表 2-11　数控技术专业课程体系（二）

毕业能力要求	毕业能力要求指标点	课程 1 机械制造技术	课程 2 数控加工工艺与编程操作实训 A	课程 3 CAD/CAM 软件应用Ⅰ、Ⅱ	课程 4 机床电器与 PLC 控制技术 A	课程 5* 数控机床机电联调与故障处理实训	课程 6 机器人技术实训	课程 7 智能制造生产线实训	课程 8 精密检测技术实训 A	课程 9 多轴联动数控编程及加工	课程 10 现代制造技术综合实训
1. 能够将专业理论知识、操作技能、先进技术应用于机械新产品生产中	运用专业理论知识分析加工工艺	√	√	√							
	运用专业理论知识解决数控设备故障问题		√		√	√				√	
	运用技能、先进技术解决产品生产问题			√			√	√	√	√	√
2. 能够识别、提出并解决机械零件加工和设备维护问题	解读数控加工工艺，识别零件加工的关键点	√	√	√				√		√	√
	根据数控机床的工作原理，提出并解决设备故障问题		√		√	√	√		√		√
3. 能够使用先进制造技术，生产产品所必需的技能、技巧	规范操作各种机械制造设备		√			√	√	√	√	√	√
	解决数控设备使用过程中的问题，保持设备正常运行		√		√	√	√	√	√	√	√
	运用先进制造技术生产产品	√					√	√	√	√	√

续表 2-11

毕业能力要求	毕业能力要求指标点	课程 1 机械制造技术	课程 2 数控加工工艺与编程操作实训 A	课程 3 CAD/CAM 软件应用 Ⅰ、Ⅱ	课程 4 机床电器与 PLC 控制技术 A	课程 5* 数控机床机电联调与故障处理实训	课程 6 机器人技术实训	课程 7 智能制造生产线实训	课程 8 精密检测技术实训 A	课程 9 多轴联动数控编程及加工	课程 10 现代制造技术综合实训
4. 能够设计和改进产品，并能将产品应用到实际	根据生产产品的要求进行机械设计或设计改进	√	√	√							√
5. 能够在经济、安全、环境、健康、道德和伦理等制约下，使用先进的方法解决机械零件加工实际问题，满足生产实际需求	受到不利因素的限制，设计合适的制造方法，满足需求	√	√				√	√	√	√	√
	受到技术、环保、安全、健康、道德等因素制约，设计合适的生产方法，满足需求	√	√	√	√	√	√	√	√	√	√
6. 能够在跨领域的团队中发挥有效的领导、协作和沟通作用	在所属工作团队及机械制造的相关行业中，进行有效沟通与协作，发挥领导作用	√	√	√	√	√	√	√	√	√	√
7. 能够形成诚实守信、爱岗敬业、精益求精、实事求是的品德	恪守职业道德，工作中追求卓越、精细求精，形成爱岗敬业、诚实守信的品格	√	√	√	√	√	√	√	√	√	√

续表 2-11

毕业能力要求	毕业能力要求指标点	课程 1 机械制造技术	课程 2 数控加工工艺与编程操作实训 A	课程 3 CAD/CAM 软件应用 Ⅰ、Ⅱ	课程 4 机床电器与 PLC 控制技术 A	课程 5* 数控机床机电联调与故障处理实训	课程 6 机器人技术实训	课程 7 智能制造生产线实训	课程 8 精密检测技术实训 A	课程 9 多轴联动数控编程及加工	课程 10 现代制造技术综合实训
8. 能够有效进行口头和书面的交流	能用语言进行口头和书面的交流	√	√	√	√	√	√	√	√	√	√
9. 能够通过多途径的学习，知晓机械制造工作在全球化经济环境和社会背景下可能产生的影响	通过规定课程的学习，知晓机械加工制造工作在全球化、经济、环境和社会背景下可能产生的影响		√	√	√	√	√	√	√	√	√
10. 能够不断自主学习，更新和丰富知识，具有终身学习的意识	具备主动学习的意识和自主学习的能力，形成不断探索、自我更新、学以致用和优化知识的良好习惯	√	√	√	√	√	√	√	√	√	√
11. 能够肩负起领导的重任并承担相应的职责	能够发挥个人凝聚力和感召力，肩负领导重任，主动承担相应的职责，保证团队工作高效优质完成	√	√	√	√	√	√	√	√	√	√

专业（技能）课程内容见表 2–12。

表 2–12　专业（技能）课程内容

<table>
<tr><td>课程名称</td><td colspan="3">机械制造技术</td></tr>
<tr><td>开设学期</td><td>3</td><td>基准学时</td><td>60</td></tr>
<tr><td colspan="4">职业能力要求：
1. 具备机械制造工艺及装备的基本理论知识；
2. 能根据图纸进行零件的工艺分析；
3. 能根据零件的要求及生产条件合理选择零件的毛坯；
4. 能编制零件的机械加工工艺过程，并正确填写工艺卡及工序卡；
5. 能选择合理的机床、刀具、量具等工艺装备；
6. 能根据零件的工艺要求设计专用夹具；
7. 能进行零件的加工质量分析；
8. 具备机械产品装配基础知识；
9. 能将理论知识与工程实例相结合，具备分析与解决问题的实践能力。
10. 具备学会使用 CAPP 软件辅助工艺设计的能力。
11. 具备良好的团队合作意识和自我学习意识，能不断在实践中提升劳动技能和职业素养</td></tr>
<tr><td colspan="4">课程目标：
通过本课程的学习，培养学生编制机械零件加工工艺规程，正确选择加工机床、刀具、夹具，并且根据加工要求设计专用夹具的能力。同时培养学生熟练运用手册、图表等技术资料的能力和使用 CAPP 等软件辅助工艺设计的能力，培养学生团队合作精神，提升学生实践能力和职业素养</td></tr>
<tr><td colspan="4">课程内容：
1. 金属切削机床与刀具基础知识
2. 机械制造工艺规程编制与夹具的基础知识
3. 轴类零件加工工艺与装备
4. 套类零件加工工艺与装备
5. 盘类零件加工工艺与装备
6. 箱体类零件加工工艺与装备
7. 叉架类零件加工工艺与装备
8. 机械装配工艺的制订</td></tr>
<tr><td colspan="4">教学要求：
本着理论联系实际的中心思想，根据课程理论性强、抽象、实践性强的特点，充分利用视频、动画等多媒体教学方法辅助学生理解，同时利用实验课培养学生的实践能力。
培养学生独立思考、解决问题的能力。学生应能根据机械零件特点和实际生产情况，充分利用生产资源，采用合理的加工方法，保证质量和兼顾经济效益，完成工艺规程的制定。
培养学生的创新意识。学生应能根据实际的生产情况，提出创新性的方案解决生产实际问题。
培养学生良好的职业道德素养和工匠精神。在教学中应充分对学生进行职业道德教育和工匠精神的教育，培养学生良好的工作习惯，提升学生的职业修养。
对接企业新工艺、新方法，培养学生不断学习和使用新技能、新方法的学习意识。学生会使用 CAPP 等软件辅助进行工艺设计，积极学习企业的新工艺和新方法，提高工作效率，更新现有知识，快速融入企业，进入岗位角色</td></tr>
</table>

续表 2-12

<table>
<tr><td>课程名称</td><td colspan="3">数控加工工艺与编程操作实训 A</td></tr>
<tr><td>开设学期</td><td>3</td><td>基准学时</td><td>120</td></tr>
<tr><td colspan="4">职业能力要求：
能够正确编写数控车 / 铣削典型零件的工艺文件。能够学会运用 1 ～ 2 种典型数控车 / 铣系统编程指令，编写数控车 / 铣削程序。能够正确使用工具、刀具、量具，能较熟练地操作数控车 / 铣床加工典型数控车 / 铣削类零件，并能对其加工精度进行控制。掌握数控车 / 铣床操作工安全生产操作规程，掌握生产管理 6S 内涵并实施</td></tr>
<tr><td colspan="4">课程目标：
本课程的主要学习任务是培养学生学会典型数控车 / 铣削零件的工艺文件制订、操作数控车 / 铣床加工典型数控车 / 铣削零件，使学生初步具有数控加工工艺的设计与数控加工程序的编制能力，培养学生相关专业能力。
通过本课程的教学，应使学生达到下列基本要求：
1. 专业能力
（1）能够正确编写数控车 / 铣削典型零件的工艺文件。
（2）能够学会运用 1 ～ 2 种典型数控车 / 铣系统编程指令，编写数控车 / 铣削程序。
（3）能够正确使用工具、刀具、量具，较熟练操作数控车 / 铣床加工典型数控车 / 铣削类零件，并能对其加工精度进行控制。
（4）掌握数控车 / 铣床操作工安全生产操作规程，掌握生产管理 6S 内涵并实施。
2. 社会能力
（1）具有较强的与人交流和沟通的能力。
（2）具有较强的组织和团队协作能力。
（3）具有较强的敬业精神和良好的职业道德。
3. 方法能力
（1）自主学习新工艺、新知识。
（2）养成较强的责任心和严谨的工作作风，理论与实践紧密联系，不断总结，积累实际工作经验。
（3）培养良好的心理素质和克服困难的能力</td></tr>
<tr><td colspan="4">课程内容：
本课程包括十个学习情境，学习情境之间前后关联；学习情境内包含若干教学内容，教学内容之间前后递进。
1. 数控机床操作基本知识
2. 支承钉的工艺文件与加工技巧
3. 传动轴的工艺文件与加工技巧
4. 螺纹轴的工艺文件与加工技巧
5. 联轴器的工艺文件与加工技巧
6. 数控铣床操作工基本知识
7. 平行垫块的工艺文件与加工技巧
8. 冷冲凸模的工艺文件与加工技巧
9. 钻模板零件的工艺文件与加工技巧
10. 槽轮零件的工艺文件与加工技巧</td></tr>
</table>

续表 2-12

<table>
<tr><td colspan="4">教学要求：
（一）教材编制
1. 教材编制必须依据本课程标准进行，体现工学结合、项目导向的设计理念；
2. 教材要突出专业技能培养的特色，兼顾技术性与实用性，激发学生的学习活力；
3. 教材内容要具有鲜明的时代性和地域特点，跟企业需求一致；版面要图文并茂，表达要言简意赅；
4. 教材的组织方式要反映出工作过程的典型应用，使学生明确学习领域和工作领域。
（二）课程资源
1. 充分利用现代计算机信息技术，开发构建立体的教学资源库，如多媒体课件、视频动画、视听光盘、仿真软件等，使学生能更好地根据自身条件安排学习；
2. 推荐专业网站、电子图书馆等网络资源，使教学内容多元化，拓展学生的知识面；
3. 完善数控技术专业实训场所，实现教学与训练、教学与职业资格认证的结合，满足学生综合职业能力培养的要求；
4. 利用校企合作的资源，调整教学内容，为学生提供各类实习或训练机会。
（三）教学评价
1. 强调工作过程与模块评价，结合课堂表现、案例分析、讲解与操作，综合思考与练习、专业能力考核等手段，加强实践性教学环节的考核，着重理解与分析能力的培养与提高；
2. 强调目标评价、理论与实践一体化评价，注重培养学生进行自主学习的能力；
3. 强调项目结束后的综合评价，充分发挥学生的主动性和创造性，注重考核学生的综合职业能力水平；
4. 建议在项目教学中按任务评分，在项目结束时进行综合考核</td></tr>
<tr><td>课程名称</td><td colspan="3">CAD/CAM 软件应用 Ⅰ、Ⅱ</td></tr>
<tr><td>开设学期</td><td>第 3、第 4 学期</td><td>基准学时</td><td>104</td></tr>
<tr><td colspan="4">职业能力要求：
能运用设计软件进行三维产品造型及编程，具备独立产品设计能力及制造能力；熟悉金属加工工艺和机械零件设计原理，能有效、经济地利用材料和加工手段达到设计目的；能利用自己所掌握的知识和信息有效处理工作中的常规技术、质量问题</td></tr>
<tr><td colspan="4">课程目标：
能基于机械方面的技术标准与规范，识读机械零件工程图，进行机械零部件外形与结构的设计建模，并能完成相关装配、运动仿真及工程制图。能制订零件加工工艺路线，生成零件加工刀路，输出后处理程序，完成相关工艺文件的编制工作；能操作常用数控机床，完成数控机床零件加工，能使用常用量具，控制产品精度。
1. 知识目标
（1）建立 CAD/CAM 的基本概念
（2）掌握基本的 CAD 建模方法
（3）掌握基本的 CAD 装配与运动仿真方法
（4）掌握基于三维 CAD 的工程图创建
（5）掌握基本的 CAM 流程
（6）自动编程常用加工方法
（7）刀路优化与技巧
（8）程序后处理及仿真验证</td></tr>
</table>

续表 2–12

<table>
<tr><td colspan="4">2. 技能目标
（1）能熟练地运用 CAD 类软件完成一般复杂程度的机械零部件三维 CAD 实体建模、虚拟装配、运动仿真及工程图；
（2）能熟练地运用 CAM 类软件完成一般复杂程度的机械零部件的编程及加工仿真。
3. 素质目标
（1）“6S”精益生产、质量控制思维；
（2）具有创新意识；
（3）良好的团队合作能力；
（4）具有爱岗敬业的思想</td></tr>
<tr><td colspan="4">课程内容：
1. 机械零件结构设计
2. 曲面设计
3. 装配设计
4. 运动仿真
5. 工程图设计
6. 基本加工方法
7. 电极零件加工
8. 模具零件加工
9. 多轴加工</td></tr>
<tr><td colspan="4">教学要求：
1. 充分利用在线课程平台引导学生自主学习，强化学生的自觉体验和掌握知识的能力，进行案例教学，并在课外提供更多任务，让学生自主设计产品，培养学生的创新精神。
2. 利用先进教学方式提高教学质量。结合专业实际将“项目教学法”、“工学结合模式”、“三明治”教学方法、“五阶法”引入课程教学。
3. 改革考核方式，将理论考核和实操考核相结合，平时考核与期末考核相结合，综合职业素养考核与成果考核相结合，考核主体由教师、学生个人、团队三方组成</td></tr>
<tr><td>课程名称</td><td colspan="3">机床电器与 PLC 控制技术 A</td></tr>
<tr><td>开设学期</td><td>3</td><td>基准学时</td><td>48</td></tr>
<tr><td colspan="4">职业能力要求：
1. 能够设计异步电动机正反转电路、异步电动机常用的降压启动电路和制动电路；
2. 能够分析、维护、维修普通车床、普通铣床机床电气控制线路；
3. 能利用简单 PLC 指令编制简单 PLC 控制程序；
4. 学会利用简易编程仪或编程软件在电脑上进行程序编辑和梯形图编制；
5. 能够编制简单的顺序控制程序；
6. 能够利用数控机床 PLC 程序对数控机床进行故障分析和诊断</td></tr>
</table>

续表 2–12

<table>
<tr><td>课程目标：
（一）知识目标
1. 熟悉常见的用于机床控制的低压电器；
2. 掌握用常用的低压电器实现电动机的启动、制动的方法；
3. 学会电动机调速的常用方法；
4. 能够利用基本电路知识，分析常见机床的控制电路；
5. 学会 PLC 工作原理及 PLC 的组成；
6. 能够利用 PLC 常见的基本指令进行简单 PLC 程序的编制；
7. 能够利用 PLC 高级指令实现洗衣机、机械手、交通灯、人工喷泉等程序的编制；
8. 能够对数控机床的 PLC 控制程序进行简单的分析。
（二）技能目标
1. 能够正确认识和选择低压电器元件；
2. 能够正确连接异步电动机正反转、异步电动机降压启动电路；
3. 能够正确连接 PLC 控制电路；
4. 能够利用 PLC 编程软件进行 PLC 程序编制、编辑和调试；
5. 能够设计简单的 PLC 控制线路；
6. 能够正确分析数控机床 PLC 控制程序；
7. 能够利用数控机床 PLC 控制程序进行数控机床简单故障的排除。
（三）素质目标
通过本课程教学，端正学生的学习态度，锻炼学生的思维方法和思维能力，提高学生的职业素质和能力</td></tr>
<tr><td>课程内容：
一、理论教学内容
模块一　基本电气控制系统
子项目一：三相异步电动机启动
子项目二：三相异步电动机的正反转控制
子项目三：三相异步电动机制动控制
模块二　PLC 的工作原理及基本指令程序设计及应用
子项目一：利用 PLC 对三相异步电动机进行控制
子项目二：三人抢答器 PLC 控制
子项目三：方波信号产生 PLC 控制、超载报警 PLC 控制
子项目四：交通灯 PLC 控制
子项目五：简单流水线 PLC 控制
模块三　PLC 高级指令及应用
子项目一：梯形面积计算
子项目二：流水灯显示 PLC 控制
子项三：花式喷泉 PLC 控制
子项目四：数字 0 ～ 9 显示 PLC 控制
模块四　简单 PLC 控制系统程序设计
子项目一：机械手 PLC 控制
子项目二：数控机床常见 PLC 控制程序分析</td></tr>
</table>

续表 2–12

<table>
<tr><td colspan="4">二、实践教学内容
实验一　三相异步电动机的正反转控制
实验二　简单流水线 PLC 控制
实验三　梯形面积计算
实验四　数字 0 ～ 9 显示 PLC 控制
实验五　数控机床冷却液 PLC 控制</td></tr>
<tr><td colspan="4">教学要求：
1．采用具体项目作为教学内容，项目真实、具体，多为现实中的实际应用项目；
2．采用问题引导法进行教学，通过提出具体问题，激发学生解决问题的兴趣；
3．对问题进行拆分，化繁为简，解决问题；
4．利用激励手段鼓励学生积极主动地与教师配合；
5．采用讲练结合方式，强化学生记忆</td></tr>
<tr><th>课程名称</th><th colspan="3">机器人技术实训</th></tr>
<tr><th>开设学期</th><td>4</td><th>基准学时</th><td>30</td></tr>
<tr><td colspan="4">职业能力要求：
培养学生掌握机器人分类与应用方法，掌握典型控制案例的基本控制方法，掌握工业机器人程序设计、编程调试、维护的能力。能够收集、查阅工业机器人及相关产品资料的渠道和方法，能根据控制系统要求，对工业机器人型号进行选择。能够胜任现场操作编程及调试、故障检测维修、工业机器人技术支持和销售等工作</td></tr>
<tr><td colspan="4">课程目标：
了解机器人的由来、发展、组成与技术参数，掌握机器人分类与应用，对各类机器人有较系统的完整认识。了解机器人控制系统的构成、编程语言与编程特点。掌握典型控制案例的基本控制方法，掌握工业机器人程序设计、编程调试、维护的基本技能。掌握收集、查阅工业机器人及相关产品资料的渠道和方法。具备工业机器人的应用能力，能根据控制系统要求，对工业机器人型号进行选择。能在生产现场基本正确完成工业机器人的控制系统程序编制或调试任务。
知识目标：
（1）了解机器人的由来与发展，对各类机器人有较系统的完整认识。
（2）掌握工业机器人控制系统的基本构成及操作方法。
（3）掌握工业机器人原理及编程应用技术知识。
技能目标：
（1）掌握工业机器人控制系统在线示教工作方法和步骤。
（2）熟练操作、示教、编程、再现一种典型工业机器人。
（3）能规范填写设备运行记录、设备故障报告、设备维修记录、设备安装、调试和验收总结报告等设备运行文档。
素质目标：
（1）具备容忍、沟通和协调人际关系的能力。
（2）具备潜心钻研的职业精神和必要的创新能力。
（3）具备独立学习，灵活运用所学知识独立分析问题并解决问题的能力</td></tr>
</table>

续表 2-12

课程内容： 本课程以工业机器人控制系统设计安装与运行维护岗位为主要目标，培养学生针对工业机器人控制系统设计与开发所提出的需求进行分析、设计、开发、维护等方面的职业能力，以系统程序设计开发与调试能力培养为重点。 一、工业机器人概述 （1）机器人的定义与分类 （2）工业机器人的常见分类及其行业应用 （3）工业机器人的基本组成及常见技术指标 二、工业机器人机械结构和运动控制 （1）机器人末端操作器 （2）机器人手腕、手臂 （3）机器人机座及行走机构 （4）工业机器人的驱动与传动 （5）机器人机械系统 三、工业机器人手动操作 （1）工业机器人安全操作规程 （2）示教器的认识与使用 （3）工业机器人运动轴与坐标系 （4）用户坐标系、工具坐标系的设置 （5）手动移动机器人的流程和方法 四、工业机器人作业示教 （1）工业机器人示教的主要内容 . （2）机器人在线示教的特点与操作流程 （3）机器人离线编程的特点与操作流程 （4）工业机器人简单示教与再现 五、工业机器人应用 （1）工业机器人的程序编辑基本操作 （2）典型的工业机器人控制指令 （3）CNC 机床上下料工业机器人及其操作应用
教学要求： 1. 加强培养学生的实际职业能力，鼓励创新精神，关注学生思维，注重提高学生的兴趣。 2. 培养学生熟练地掌握工业机器人编程设计方法及设计思路，掌握工业机器人控制系统设计、编程、安装调试环节的基本技能过程。 3. 采用理实一体化教学模式，对典型案例进行分析和对相关理论知识进行讲解，使学生达到本课程教学要求的职业能力。 4. 培养学生独立分析问题、解决问题的能力，以及在团队中与人沟通和相互协作的能力。 5. 在教学过程中充分使用任务分析、互动交流、案例教学、思维引导等多种教学方法。 6. 重视实践，更新观念，走工学结合的道路，积极引导学生提升职业素养，努力提高学生的创新能力

续表 2-12

课程名称	智能制造生产线实训		
开设学期	5	基准学时	30
职业能力要求： 学生应按照操作规范，安全、合理地操作自动化设备，根据设计和工艺要求，设计产品、安排工艺路线和编制数控程序；使用订单系统、车间物流系统和生成管理系统等智能化车间管理软件进行智能化生产；掌握智能制造生产线各个独立单元的操作，包括五轴加工中心单元、数控电火花加工单元、数控线切割加工单元、机械手交换单元、物料库单元。同时能够使用五轴加工中心单元、数控电火花加工单元和数控线切割加工单元进行零件的单机加工操作。能对智能制造设备进行日常维护保养和排除简单故障，具有良好的团队意识和协同工作能力，能不断在实践中积累经验提高职业技能和劳动素质			
课程目标： 1. 能熟练使用 CAD、CAM 软件进行零件的编程和仿真加工。 2. 能够熟练使用五轴加工中心进行零件的单机加工操作。 3. 能够熟练使用数控电火花机床进行零件的单机加工操作。 4. 能够熟练使用数控线切割机床进行零件的单机加工操作。 5. 能够熟练使用机械手操作物料库与加工机床进行零件、托盘交换。 6. 能够独立解决智能制造生产线以及各个独立单元在加工过程中出现的故障			
课程内容： 1. 智能制造生产线认知 2. 五轴加工中心操作 3. 数控电火花机床操作 4. 数控线切割机床操作 5. 机械手交换单元操作 6. 制造执行（MES）系统使用与物料库单元操作			
教学要求： 1. 理论与实践相结合。积极推进理实一体化的教学方式，锻炼学生的实践能力和动手能力。 2. 以学生就业为导向，培养学生的职业能力。结合专业教学经验与专业工作过程特点，对机械加工制造相关的就业岗位进行任务与职业能力分析，以案例和产品为载体，紧紧围绕机械加工制造过程涉及的专业知识来组织课程内容，让学生在完成具体零件加工项目的过程中掌握智能制造生产线知识和技能。课程内容突出对学生职业能力的训练，以工作任务为中心来安排课程内容，并让学生在完成具体零件的加工项目的过程中学会完成相应工作任务，使学生初步具备实际工作的职业能力。 3. 培养学生的创新意识和自学能力。学生应能根据实际的生产情况，提出创新性的方案解决生产实际问题。 4. 培养学生良好的职业道德素养和工匠精神。在教学中应充分对学生进行职业道德教育和工匠精神教育，培养学生良好的工作习惯，提升学生的职业修养。 5. 培养学生独立思考、解决问题的能力。针对生产线的简单故障和问题，培养学生观察和解决问题的逻辑能力，引导学生探寻问题的解决方法			

续表 2-12

<table>
<tr><td>课程名称</td><td colspan="3">多轴联动数控编程及加工</td></tr>
<tr><td>开设学期</td><td>5</td><td>基准学时</td><td>44</td></tr>
<tr><td colspan="4">职业能力要求：
1. 能够多轴联动数控专业理论知识、操作技能，解决机械零件数控多轴加工和设备维护问题。
2. 在团队中具有协作和沟通作用，能使用先进的方法解决机械零件加工实际问题，满足生产实际需求；具有生产产品所必需的技能、技巧，能够肩负起重任并承担相应的职责</td></tr>
<tr><td colspan="4">知识目标：
1. 多轴数控机床结构工作原理；
2. 多轴数控编程方法；
3. 数控加工工艺理论，识别零件加工的关键点。
技能目标：
1. 掌握多轴数控机床结构工作原理；
2. 懂得多轴数控机床维护保养；
3. 规范操作各种多轴数控机床设备；
4. 能通过掌握的工艺、编程等理论知识，独立加工出合格零件和产品；
5. 运用技能、先进技术解决产品生产问题。
素质目标：
1. 恪守爱岗敬业、诚实守信的职业道德；
2. 在所属工作团队中有效沟通与协作，能用语言进行口头和书面的交流；
3. 具备主动学习的意识和自主学习的能力，养成学以致用和优化知识的良好习惯</td></tr>
<tr><td colspan="4">课程内容：
1. 多轴加工技术目的及特点、功能及应用、加工对象等
2. 四轴立式加工中心机床基本操作
3. 六角四轴加工工艺及编程
4. 圆柱面槽类零件四轴加工工艺及编程
5. 简单点位类零件四轴加工工艺及编程
6. 联轴器四轴加工工艺及编程
7. 圆柱面等高槽类零件四轴加工工艺及编程
8. 圆柱面凸轮轴四轴加工工艺及编程
9. 复杂点位类零件四轴加工工艺及编程
10. 铣刀零件的 UG 多轴加工工艺及编程
11. 圆柱面文本 UG 多轴加工工艺及编程
12. 变径轧辊 UG 多轴加工工艺及编程
13. 槽凸轮 UG 多轴加工工艺及编程
14. 衣模 UG 多轴加工工艺及编程
15. 人体模型 UG 多轴加工工艺及编程</td></tr>
<tr><td colspan="4">教学要求：
理实一体化教学，老师指导学生完成工艺设计和编程，程序经老师检验后，上机床加工，工件交老师评价打成绩。自动编程部分，对于简单的零件，每个同学必须独立完成整个零件加工的流程，对于中等复杂的零件，进行小组合作，完成整个流程，老师给每个成员评定打分；对于复杂零件就直接在电脑上完成模拟加工检验，老师根据学生的完成程度给予评价打分</td></tr>
</table>

续表 2-12

<table>
<tr><td>课程名称</td><td colspan="3">现代制造技术综合实训</td></tr>
<tr><td>开设学期</td><td>5</td><td>基准学时</td><td>120</td></tr>
<tr><td colspan="4">职业能力要求：
掌握现代制造技术专业理论知识、操作技能，具备解决机械零件加工和设备维护问题的能力。团队中具有协作和沟通作用，能使用先进的方法解决机械零件加工实际问题，满足生产实际需求；能够使用先进制造技术；具有生产产品所必需的技能、技巧。能够肩负起重任并承担相应的职责</td></tr>
<tr><td colspan="4">知识目标：
1. 现代制造技术专业理论知识；
2. 机床结构工作原理；
3. 电加工原理；
4. 多轴数控编程方法；
5. 数控加工工艺理论，识别零件加工的关键点。
技能目标：
1. 掌握现代制造技术机床设备结构工作原理；
2. 懂得现代制造技术机床设备维护保养；
3. 规范操作各种现代制造技术机床设备；
4. 能通过掌握的工艺、编程等理论知识，独立加工出合格零件和产品；
5. 运用技能、先进技术解决产品生产问题。
素质目标：
1. 恪守职业道德、爱岗敬业、诚实守信的品格；
2. 在所属工作团队中有效沟通与协作，能用语言进行口头和书面的交流；
3. 具备主动学习的意识和自主学习的能力，养成学以致用和优化知识的良好习惯</td></tr>
<tr><td colspan="4">课程内容：
1. 多轴数控机床操作
2. 数控加工工艺分析与制订
3. 多轴数控编程
4. 多轴数控加工
5. 电加工机床操作
6. 电加工艺分析与制订
7. 电加工数控编程
8. 零件的电加工</td></tr>
<tr><td colspan="4">教学要求：
理实一体化教学，老师指导学生完成工艺设计和编程，程序经老师检验后，上机床加工，工件交老师评价打成绩。自动编程部分，对于简单的零件，每个同学必须独立完成整个零件加工的流程，对于中等复杂的零件，进行小组合作，完成整个流程，老师给每个成员评定打分；对于复杂零件就直接在电脑上完成模拟加工检验，老师根据学生的完成程度给与评价打分</td></tr>
</table>

（三）素质教育和创新创业教育

为促进学生综合素质的发展，完善职业素质培养，加强人文素质，创新创业意识教育，以到达高技能人才全面素质培养规格的要求，本专业根据学院全程素质教育总体要求制订了如下素质拓展教学安排表（见表 2–13）。

表 2–13 素质拓展教学安排表

序号	素质教育项目	主要内容与要求	安排学期	实施载体
1	军事训练	进行队列、内务、军体技能训练，培养严明的纪律意识和良好的行为习惯	1	军训、军事理论
2	职业意识培养	依据“职业化三级递进”的人才培养模式，通过“职业认知”“职业认同”“职业熟练”分阶段逐级培养学生的职业意识、职业道德，增强学生就业能力，树立自主创业意识	1～6	企业认知实习、生产实习、顶岗实习； 各类综合训练、各类招聘会、专业讲座
3	人文素质教育	进行法律、道德、经济管理、人文历史、音乐艺术等方面的教育，拓宽学生视野，提升学生的人文素养	1～5	公共选修课程 双休日工程
4	艺术修养实践	进行音乐、书法、美术鉴赏等课外实践活动，培养学生的艺术爱好与欣赏水平	1～5	第二课堂活动 “艺术节”
5	体育与健康	进行球类、田径、智力竞技项目等课外实践与比赛活动，提高学生的身体素质与竞技水平	1～6	体育专项课 学院各级运动会 双休日工程
6	劳动教育	弘扬劳动精神、劳模精神，引导学生崇尚劳动、尊重劳动	1～4	劳动教育
7	创新教育实践	进行学生创业与专业创新教育、专业创新实践、专业技能创新竞赛活动，培养学生的创新意识与创造力	2～5	各级科技竞赛活动 双休日工程
8	技能竞赛培训	参加各级模具技能竞赛，开展竞赛培训工作，进行分级选拔与培训，使得学生接受相关训练，提高学生的专业专项技能	1～5	双休日工程 各类竞赛与培训

八、教学进程总体安排

专业课程每 16 个学时计 1 学分，最小单位为 0.5 学分，课程学分为总学时除以 16，以“二舍八入，三七取五”的原则计算。以周为单位的专业实践教学，按每周 1.5 学分计 30 学时。

毕业基准学分为 182.5 学分，其中，公共选修课至少修满 8 学分，各类课程学分可根据人才培养需求做动态调整（详见表 2–14、表 2–15）。

表 2–14　数控技术专业课程总体安排表

开课学期	课程代码	课程名称	周学时	学分	课程性质	课程类别	考核	总学时
1	01010064	机械制图与CAD 课程设计 B	+2	3	必修课	实践环节课程	考查	60
1	01010070	机械制图与CAD（D）	7.0–1.0	6	必修课	专业必修课程	考试	92
1	01010085	金属材料及热处理 B	4.0–0.0	3.5	必修课	专业必修课程	考试	44
1	05010008	高等数学	4.0–0.0	3	必修课	公共必修课程	考查	48
1	05010086	体育 I	2.0–0.0	1.5	必修课	公共必修课程	考查	24
1	05010201	大学英语 I	4.0–0.0	3	必修课	公共必修课程	考查	48
1	10010002	思想道德修养与法律基础	4.0–0.0	3	必修课	公共必修课程	考查	48
1	10010015	形势与政策	3.0–0.0	0	必修课	公共必修课程	考查	6
1	11010011	金工实习 A	+2	3	必修课	实践环节课程	考查	60
1	13010005	安全教育 I	2.0–0.0	0.2	必修课	公共必修课程	考查	4
1	13010012	军事理论	3.0–0.0	2	必修课	公共必修课程	考查	32
1	Q0010007	考试周 I	+1	0	必修课	实践环节课程	考查	0
2	01010021	电工电子技术基础 A	6.0–0.0	5	必修课	专业必修课程	考查	76
2	01010057	机械设计基础课程设计 B	+2	3	必修课	实践环节课程	考查	60
2	01010310	机械设计基础 D	4.0–0.0	3.5	必修课	专业必修课程	考试	52

续表 2-14

开课学期	课程代码	课程名称	周学时	学分	课程性质	课程类别	考核	总学时
2	01010329	公差配合与测量技术 C	3.0–0.0	3	必修课	专业必修课程	考试	44
2	03010270	计算机应用技能实训	+1	1.5	必修课	实践环节课程	考查	30
2	05010087	体育Ⅱ	2.0–0.0	1.5	必修课	公共必修课程	考查	28
2	05010202	大学英语Ⅱ	4.0–0.0	3	必修课	公共必修课程	考试	48
2	10010008	毛泽东思想和中国特色社会主义理论体系概论Ⅰ	3.0–0.0	2	必修课	公共必修课程	考查	32
2	10010017	形势与政策	3.0–0.0	0	必修课	公共必修课程	考查	3
2	11010003	电工技能实训 A	+1	1.5	必修课	实践环节课程	考查	30
2	12010003	职业生涯与发展规划	3.0–0.0	1	必修课	公共必修课程	考查	15
2	13010001	军训及入学教育	+2	2	必修课	实践环节课程	考查	60
2	13010006	安全教育Ⅱ	2.0–0.0	0.3	必修课	公共必修课程	考查	4
2	13010011	大学生心理健康教育	3.0–0.0	1.5	必修课	公共必修课程	考查	24
2	13010013	劳动教育Ⅰ	2.0–0.0	0.5	必修课	公共必修课程	考查	8
2	Q0010008	考试周Ⅱ	+1	0	必修课	实践环节课程	考查	0

续表 2-14

开课学期	课程代码	课程名称	周学时	学分	课程性质	课程类别	考核	总学时
2	Q0010074	综合素质拓展教育Ⅰ	+0	3	必修课	实践环节课程	考查	0
3	01010075	机械制造技术 B	5.0–0.0	4	必修课	专业必修课程	考试	60
3	01010141	数控机床机械部件拆装及精度检测实训	+1	1.5	必修课	实践环节课程	考查	30
3	01010225	CAD/CAM 软件应用Ⅰ	5.0–0.0	4	必修课	专业必修课程	考试	60
3	01010236	机床电器与 PLC 控制技术 A	3.0–1.0	3	必修课	专业必修课程	考试	48
3	01010255	* 数控加工工艺与编程操作实训 A	+4	6	必修课	实践环节课程	考查	120
3	01010342	精密检测技术实训 A	+1	1.5	必修课	实践环节课程	考查	30
3	05010222	体育Ⅲ	2.0–0.0	1.5	必修课	公共必修课程	考查	28
3	10010009	毛泽东思想和中国特色社会主义理论体系概论Ⅱ	3.0–0.0	2	必修课	公共必修课程	考试	32
3	10010017	形势与政策	3.0–0.0	0	必修课	公共必修课程	考查	3
3	13010007	安全教育Ⅲ	2.0–0.0	0.2	必修课	公共必修课程	考查	4
3	Q0010009	考试周Ⅲ	+1	0	必修课	实践环节课程	考查	0

续表 2–14

开课学期	课程代码	课程名称	周学时	学分	课程性质	课程类别	考核	总学时
4	01010221	数控机床机电联调与故障处理实训	+4	6	必修课	实践环节课程	考查	120
4	01010226	CAD/CAM 软件应用Ⅱ	3.0–3.0	3	必修课	专业必修课程	考试	44
4	01010238	液压与气动技术 D	5.0–0.0	2.5	必修课	专业必修课程	考试	40
4	01010256	数控职业技能培训	+4	6	必修课	实践环节课程	考查	120
4	01010264	CAD/CAM 软件应用综合实训	+2	3	必修课	实践环节课程	考查	60
4	01020016	冲压工艺与模具设计 A	4.0–0.0	2	限选课	专业限选课程	考查	32
	01020142	数控电加工与编程	4.0–0.0		限选课	专业限选课程	考查	
4	01020147	数控专业英语 B	6.0–0.0	3	限选课	专业限选课程	考查	44
	01020217	多轴联动数控编程及加工	6.0–0.0		限选课	专业限选课程	考查	
4	02010455	机器人技术实训	+1	1.5	必修课	实践环节课程	考查	30
4	05010223	体育Ⅳ	2.0–0.0	1.5	必修课	公共必修课程	考查	28
4	10010016	形势与政策	3.0–0.0	0	必修课	公共必修课程	考查	25

续表 2–14

<table>
<tr><th>开课学期</th><th>课程代码</th><th>课程名称</th><th>周学时</th><th>学分</th><th>课程性质</th><th>课程类别</th><th>考核</th><th>总学时</th></tr>
<tr><td>4</td><td>12010002</td><td>就业与创业指导</td><td>3.0–0.0</td><td>1</td><td>必修课</td><td>公共必修课程</td><td>考查</td><td>12</td></tr>
<tr><td>4</td><td>12010004</td><td>职业素养提升</td><td>3.0–0.0</td><td>1</td><td>必修课</td><td>公共必修课程</td><td>考查</td><td>12</td></tr>
<tr><td>4</td><td>13010008</td><td>安全教育Ⅳ</td><td>2.0–0.0</td><td>0.3</td><td>必修课</td><td>公共必修课程</td><td>考查</td><td>4</td></tr>
<tr><td>4</td><td>13010014</td><td>劳动教育Ⅱ</td><td>2.0–0.0</td><td>0.5</td><td>必修课</td><td>公共必修课程</td><td>考查</td><td>8</td></tr>
<tr><td>4</td><td>Q0010010</td><td>考试周Ⅳ</td><td>+1</td><td>0</td><td>必修课</td><td>实践环节课程</td><td>考查</td><td>0</td></tr>
<tr><td>4</td><td>Q0010075</td><td>综合素质拓展教育Ⅱ</td><td>+0</td><td>3</td><td>必修课</td><td>实践环节课程</td><td>考查</td><td>0</td></tr>
<tr><td>5</td><td>01010375</td><td>智能制造生产线实训 A</td><td>+1</td><td>1.5</td><td>必修课</td><td>实践环节课程</td><td>考查</td><td>30</td></tr>
<tr><td>5</td><td>10010003</td><td>形势与政策</td><td>3.0–0.0</td><td>1</td><td>必修课</td><td>公共必修课程</td><td>考查</td><td>3</td></tr>
<tr><td>5</td><td>13010009</td><td>安全教育Ⅴ</td><td>2.0–0.0</td><td>0.2</td><td>必修课</td><td>公共必修课程</td><td>考查</td><td>4</td></tr>
<tr><td rowspan="2">5</td><td>01020206</td><td>* 现代制造技术综合实训</td><td>+4</td><td rowspan="2">6</td><td>限选课</td><td>实践环节课程</td><td>考查</td><td rowspan="2">120</td></tr>
<tr><td>Q0020004</td><td>生产实习 D1</td><td>+4</td><td>限选课</td><td>实践环节课程</td><td>考查</td></tr>
<tr><td rowspan="2">5</td><td>Q0020040</td><td>专业综合技能实训 N</td><td>+15</td><td rowspan="2">22.5</td><td>限选课</td><td>实践环节课程</td><td>考查</td><td rowspan="2">450</td></tr>
<tr><td>Q0020041</td><td>生产实习 O</td><td>+15</td><td>限选课</td><td>实践环节课程</td><td>考查</td></tr>
</table>

续表 2–14

开课学期	课程代码	课程名称	周学时	学分	课程性质	课程类别	考核	总学时
6	01010132	毕业教育	+2	2	必修课	实践环节课程	考查	60
6	13010010	安全教育 VI	2.0–0.0	0.3	必修课	公共必修课程	考查	4
6	Q0010070	顶岗实习（毕业论文）	+15	22.5	必修课	实践环节课程	考查	450
8	GX000000	公选课		8	公选课			
合计 必修课学时 选修课学时		总学时	3223	总学分	182.5			
		2449	学分	141	学时占比		76%	
		871	学分	33.5	学时占比		27%	
说明	第 2 ～ 5 学期开设专业限选课，同一组专业选修课有 2 门，二选一							

表 2–15　数控技术专业教学活动时间分配

项目 \ 周 \ 学年	一		二		三		合计
	1	2	3	4	5	6	
理论教学周数	14	13	13	8	0	0	48
实践教学周数	6	7	7	12	20	2	54
军训及入学教育		2					2
考试周	1	1	1	1			4
顶岗实习						15	15
学期教育总周数	20	20	20	20	20	20	120
寒暑假	5	7	5	6	6		29

九、实施保障

（一）师资队伍

数控技术专业团队现有专任教师 13 人，其中副高以上职称 5 人，中级职称 8 人，高级技师 5 人，技师 2 名，高级职称占比达到 38%；研究生学历 6 人，高学历占比达到 46%；学院拥有教学名师 1 人，广西五一劳动奖章获得者 1 人，广西技术能手 6 人，双师素质教师比例达 95%；聘有稳定的企业兼职教师 12 人。形成了以专业带头人为核心、以骨干教师为中坚、学历层次高、职称结构合理、专兼结合的师资队伍。

（二）教学设施

1. 校内实训室基本要求（见表 2-16 ～表 2-20）

表 2-16　数控加工实训室

实训室名称	数控加工实训室	面积要求	$1000m^2$
序号	核心设备	数量要求	备注
1	数控车床	14	
2	数控铣床	12	
3	加工中心	8	
4	四轴加工中心	14	

表 2-17　数控维修实训室

实训室名称	数控维修实训室	面积要求	$600m^2$
序号	核心设备	数量要求	备注
1	数控系统综合实验车床	4	
2	立式数控床身铣床	2	
3	综合实验台	4	
4	Fanuc 系统综合实验台	2	

表 2-18　CAD/CAM 实训室

实训室名称	CAD/CAM 实训室	面积要求	$120m^2$
序号	核心设备	数量要求	备注
1	计算机	70	
2	CAD/CAM 软件	150	
3	数控加工仿真软件	150	
4	投影机	2	

表 2–19 智能制造实训室

实训室名称	智能制造实训室	面积要求	300 m^2
序号	核心设备	数量要求	备注
1	智能制造产线	2	
2	五轴加工中心	2	
3	Vericut 多轴仿真软件	30	
4	五轴加工实验台	6	

表 2–20 精密检测实训室

实训室名称	精密检测实训室	面积要求	200 m^2
序号	核心设备	数量要求	备注
1	数控三坐标测量仪	4	
2	便携式粗糙度仪	1	
3	投影仪正像型二次元影像测量仪	1	
4	测高仪	1	
5	检测仿真软件	50	

2. 校外实习基地要求（见表 2–21）

表 2–21 数控技术专业校外实习基地

序号	校外实习基地名称	合作企业名称	用途	合作深度
1	南南铝加工股份有限公司实习基地	南南铝加工股份有限公司	认识实习、生产实习、顶岗实习	深度合作型
2	南宁—厦门捷昕精密科技股份有限公司实训基地	南宁—厦门捷昕精密科技股份有限公司	认识实习、生产实习、顶岗实习	深度合作型
3	上汽通用五菱有限公司实训基地	上汽通用五菱有限公司	生产实习、顶岗实习	紧密合作型
4	柳州钢铁（集团）公司实训基地	柳州钢铁（集团）公司	生产实习、顶岗实习	紧密合作型
5	上海特略精密数控机床有限公司实训基地	上海特略精密数控机床有限公司	生产实习、顶岗实习	紧密合作型
6	柳州工程机械有限公司实训基地	柳州工程机械有限公司	生产实习、顶岗实习	紧密合作型

续表 2–21

序号	校外实习基地名称	合作企业名称	用途	合作深度
7	柳州五菱汽车工业公司实训基地	柳州五菱汽车工业公司	生产实习、顶岗实习	一般合作型
8	桂林市啄木鸟医疗器械有限公司实训基地	桂林市啄木鸟医疗器械有限公司	生产实习、顶岗实习	一般合作型
9	GF 加工方案乔治费歇尔精密机床（上海）有限公司实训基地	GF 加工方案乔治费歇尔精密机床（上海）有限公司	认识实习	一般合作型
10	玉柴机器股份有限公司实训基地	玉柴机器股份有限公司	生产实习、顶岗实习	一般合作型

（三）教学资源（见表 2–22、表 2–23）

表 2–22　数控技术专业教材选用表

序号	教材名称	教材性质	出版社	主编	出版日期
1	机械制造技术	自编教材		卢小波	2018.12
2	数控加工工艺与编程操作	高职高专机电类规划教材	华南理工大学出版社	陆曲波	2013.03
3	数控加工软件应用 UGNX	高职高数控技术专业规划教材	清华大学出版社	李华川	2019.11
4	电气控制与 PLC 应用技术	全国高等专科教育自动化类专业规划教材	机械工业出版社	田效伍	2017.08
5	数控机床机电联调与故障处理实训	自编教材		罗玲慧	2015.03
6	机器人技术实训	自编教材		莫胜汉	2018.09
7	智能制造生产线实训	自编教材		刘和彬	2020.01
8	精密检测技术实训 A	自编教材		伍咏晖	2020.07
9	多轴联动数控编程及加工	自编教材		钟健	2020.07

表 2-23　数控技术专业数字化资源选用表

序号	数字化资源名称	资源网址
1	国家级职业教育专业教学资源库项目管理平台	http：//zyk.ouchn.cn/portal/index
2	在线课程“公差配合与测量技术”	https：//www.icourse163.org/
3	国家精品课程“液压与气动技术”	https：//www.icourse163.org/
4	广西精品课程“机械制造技术”	http：//210.36.158.24/jpkc/index.asp
5	广西精品课程“数控加工工艺与编程操作”	http：//wlkc.gxcme.edu.cn

（四）教学方法

根据实际教学条件，适当采用理实一体化教学、多媒体教学、现场教法，并在课堂中引入智慧云课堂等线上学习平台，融合线上线下优质资源进行混合式教学，引进行业、企业专家参与实践教学等。

（五）学习评价

健全专业教学质量监控管理制度，完善课堂教学过程考核、教学评价、实习实训、顶岗实习考核评价，开展专业调研、企业调研，适时进行人才培养方案更新，加强教学资源建设，建立教学质量评价标准，通过教学实施、过程监控、质量评价和持续改进，达成人才培养规格。

（六）质量管理

1）严格执行专业人才培养方案。

2）依托第三方开展专业人才培养质量调查。

3）依照学院专业和课程整改方案等要求，完善课堂教学、教学评价、人才培养方案等质量标准。

4）以学院质量管理的相关制度，开展人才培养方案的执行动态监测和检查，及时开展专业诊改。

十、实施建议

数控技术专业的人才培养目标定位是根据广西壮族自治区的经济结构特点，立足北部湾经济区，面向珠江三角洲经济带，在企业调研的基础上形成的。制造类人才的培养跟广西制造业的发展和数控技术人才需求紧密相关，数控技术专业人才培养方案实施建议如下：

1）专业团队教师共同参加数控人才培养定位调研和设计人才培养方案制订，制订实施计划；

2）核心专业课程的实施应当由专任教师和兼职教师合作，由从企业来的兼职教师讲解和指导实践性较强的内容或企业专案；

3）专任教师在教学组织过程中，要注重因材施教，强调培养学生的自主学习能力，采用灵活的教学模式；

4）无论专任教师或兼职教师，都要做好教书育人工作，首先做好表率，把职业意识和技能教育结合起来，并贯彻整个教学活动，让学生在教学活动中养成良好行为习惯；

5）教学团队要注重质量意识，在教学过程中，要持续进行教学测评，跟学生保持良性互动，及时调整教学内容，控制教学节奏，变换教学方法等；

6）建议在课外时间，如晚上或双休日、节假日等，创造条件开发实训中心，以满足学生技能温习与提升的需要；

7）对校外实习，要把前期准备工作做细，把学生的思想理顺，统一到实习要求上来，避免学生产生负面波动；与企业商定在企业技术条件下最大化结合学校的教学实践安排实习的方法，保证实习效果；

8）为更好地培养职业意识，建议多组织学生到相关企业观摩典型技术岗位的工作实况，邀请优秀校友和企业家到校做报告、讲座等。

第三章　数控技术专业群建设与发展的实施路径

聚焦深化专业群内涵建设、突出工程实践能力和创新素质的人才培养理念，按照“准确定位、注重内涵、突出优势、强化特色”的原则，充分发挥专业群的综合作用，重点从人才培养模式改革、教材教法创新、实训条件优化、师资队伍建设和社会服务能力提升等多方面、多维度打造高水平数控技术专业群，不断提升区域经济转型升级所急需的复合型、多元化高技术技能型人才培养质量，打造新时代中国特色高水平技术技能人才培养高地。

第一节　人才培养模式改革

一、多措并举推进“三全育人”，全力服务学生成长成才

围绕“培养什么人、怎样培养人、为谁培养人”这一根本问题，坚持把立德树人作为中心环节，把思想政治工作贯穿教育教学全过程，多措并举推进全员、全过程、全方位育人，努力培养德智体美劳全面发展的社会主义建设者和接班人。

（一）改革思路

以习近平新时代中国特色社会主义思想为指导，坚持和加强党对高校的全面领导，

充分发挥中国特色社会主义教育的育人优势，以立德树人为根本任务，以理想信念教育为核心，以社会主义核心价值观为引领，以全面提高人才培养能力为关键，切实提高工作亲和力和针对性，强化基础、突出重点、建立规范、落实责任，一体化构建内容完善、标准健全、运行科学、保障有力、成效显著的学校思想政治工作体系，形成全员全过程全方位育人格局，着力培养德智体美劳全面发展的社会主义建设者和接班人，着力培养匠心人才，不断开创新时代学校思想政治工作新局面。

（二）改革内容

1. 坚持全员行动，以“大思政”观引领改革

始终坚持以习近平新时代中国特色社会主义思想为指导，落实立德树人根本任务，全面提高人才培养质量。定期召开思想政治工作会议，部署和落实新形势下思想政治工作内容，真正将育人工作贯彻落实到全部工作环节。详细规划“十大育人体系”的工作内容和实现的载体、路径、方法，扎实推进“三全育人”格局的系统规范和持续建设。打造匠心育人体系，体现特色亮点，将文化育人贯穿工作的始终，形成“同向同行，协同育人”的新局面。

2. 坚持全过程衔接，以协同联动推动改革

做好“三全育人”综合改革工作，统筹协调，发挥专业课教师、辅导员、班主任、行政管理人员、广大校友的育人作用，与家庭教育、社会教育和个人自我教育形成合力，把全员育人融入日常教学、科研和管理服务。阶段性地组织开展学生个人发展规划整改诊断工作，帮助学生制订职业生涯规划，同时每个学期举办一次培训。突出育人特色，推动“三全育人”综合改革工作落实落地。举办“工匠杯”“三下乡”社会志愿服务活动，鼓励学生结合专业知识进行志愿服务，增强大学生的服务意识和奉献意识。着力突出学院育人作用，通过组织学生党员、入党积极分子建立公益小组“笃行社”，为全校师生服务，发挥学生党员的光和热，从而实现党建带团建，团建促党建。

3. 坚持全方位发力，以机制建设贯穿改革

“三全育人”综合改革应注重推动育人纵深联通，把育人工作贯穿到学生入学、在校、毕业及走向社会的各阶段，融入教学、科研、管理和服务工作的全过程。努力做到思想问题出现在哪里，育人工作就导航到哪里；学生活动开展到哪里，育人工作就延伸到哪里；学生的需求在哪里，育人工作就聚焦到哪里。构建以课程思政、日常思政教育为主体，文化思政、网络思政为浸润，学科思政为支撑的育人力量，充分发挥思想政治教育的隐

性功能，打造出像空气一样无处不在、无时不有的生活情景和社会氛围。将思想政治工作融入人才培养的各个环节，主要从以下十二个方面入手：

（1）组织领导

①健全“三全育人”统筹推进常态机制，坚持以师生为中心，把握师生思想特点和发展需求，以及教育教学各环节、人才培养各方面的育人资源和育人力量，充分发挥课程、科研、实践、文化、网络、心理、管理、服务、资助、组织等方面工作的育人功能。②健全完善党政联席会议制度，持续提高政治站位，深化思想认识，坚持问题导向，强化责任担当，润物细无声地让师生感受到思想政治工作的温度和热度，努力构建全员育人的思想政治工作新格局。涉及办学方向、教师队伍建设、师生员工切身利益的重大事项，由党组织先研究，然后提交党政联席会议决定。③坚持党建带团建，健全完善党政联席会议制度，充分发挥党组织在育人重大事项中的政治把关作用；探索党建带团建的新机制新模式，积极发挥党组织、团组织协同育人的组织优势。

（2）积极推进课程育人

①统筹推进思政课程建设，鼓励教师积极参与学校相关课题申报，在实践中形成具有专业特色的成果。②在课程设计过程中将思政元素与课程内容有机融合，让学生增强四个自信，促进学生从多方面提升个人综合能力，通过各种教育教学手段提升学生思想政治觉悟和核心素养。③落实听课制度。④发挥专业教师课程育人的主体作用，健全课程育人管理、运行体制，将课程育人作为教师思想政治工作的重要环节。

（3）着力加强科研育人

①借助团队力量，创新育人模式。鼓励学生协助老师做好科研调研工作，以及数据整理、后期推广工作，培养学生创新思维能力。做好科研育人，开展学术相关专题讲座。推动实施科研创新团队培育支持计划，制订科研创新团队培育工作方案，引导师生积极参与科技创新团队科研训练，培养集体攻关、联合攻坚的团队精神和协作意识。组建“工匠勤训室”，指导教师轮班指导学生，根据学生特点，开展有针对性的创新训练。校企双元育人，拓宽三全育人培养模式。联合地方龙头企业开展教学、科研、生产实习等教学工作。②研学双驱动，引领三全育人价值导向。依托智能制造技术中心、数控加工中心等 3 个校内技术中心和广西机械工业研究院等开展 3D 打印、工业机器人、精密加工与检测、智能化焊接等智能制造技术方面的科研实践教学，指导学生掌握规范的研究方法和严谨的科研思维，将敬业精神引领贯穿科研实践全过程，使学生在学习和实践中不

知不觉地受到敬业精神的浸润。③研赛结合，理论技能双螺旋提升。鼓励学生参加各项比赛训练提高技能的同时，还要培养学生至诚报国的理想追求、敢为人先的科学精神、开拓创新的进取意识和严谨求实的科研作风。当赛项内容可以转化成教师的科研项目时，让学生参与其中，参与调研、设计、实验、专利发明等活动，参与过程中，教师进行规范指导和示范，并对参与的学生提出一定的要求，及时地反馈和纠错，使学生在提升技能的同时，在理论研究上掌握一些方法和能力。

（4）深入推进文化育人

注重宿舍文化建设，以“6S”标准要求学生，即整理（seiri）、整顿（seiton）、清扫（seiso）、清洁（seiketsu）、素养（shitsuke）、安全（security）。每个学期举办一次培训。注重以文化育人，深入开展中国优秀传统文化、革命文化、社会主义先进文化教育，并结合节假日、重要事件等时间节点，开展学生喜闻乐见的中国传统文化活动，不断提升校园文化的内涵和品位。同时不断深化精神传统教育，切实增强师生的文化认同与文化自信，筑牢师生共同的精神家园。

（5）扎实推动实践育人

坚持理论教育与实践养成相结合，将深化创新创业教育改革作为推动综合改革的突破口，始终坚持“全面覆盖、分层培养、协同推进、强化实践”的工作理念，不断完善“教育教学—实习实训—实践孵化”三位一体的工作体系，形成实践育人统筹推进的工作格局。以焊接专业“现代学徒制”为例，制订相关管理制度，完善支持机制，深入推进实践教学改革，分类制订实践教学标准。强化创新能力培养，积极开展技能大赛等，制订选拔优秀学生参赛的相关规定，丰富实践内容，创新实践形式，广泛开展社会调查、生产劳动、社会公益、志愿服务、科技发明、勤工助学等社会实践活动。

（6）大力促进心理育人

坚持育心与育德相结合，加强人文关怀和心理疏导，深入构建集教育教学、实践活动、咨询服务、预防干预、平台保障于一体的心理健康教育工作格局，着力培育学生理性平和、积极向上的健康心态，促进学生心理健康素质与思想道德素质、科学文化素质的协调发展。加强知识教育，实现心理健康知识教育全覆盖。规范心理咨询流程建设与档案管理。加强心理健康教育，扎实开展生命教育、感恩教育、适应教育、和谐教育。加强心理咨询服务及危机预防干预，建立学校、二级学院、班级、宿舍“四级”预警防控体系，完善心理危机干预工作预案，建立转介诊疗机制，增强工作前瞻性、针对性。

（7）创新推动网络育人

大力推进网络教育，加强校园网络文化建设与管理，拓展网络平台，丰富网络内容，净化网络空间，优化成果评价，推动思想政治工作同信息技术高度融合，提升网络文明素养，创作网络文化产品，传播主旋律、弘扬正能量，守护好网络精神家园。充分发挥传统媒体和新媒体的融合优势，实现差异化传播，不断提升学校文化在师生中的生命力和感染力。开展“匠师匠生风采展”，并在二级学院网站滚动播出。

（8）切实强化管理育人

把严格的规范管理和春风化雨的教育方式结合，促进教育治理能力和治理体系现代化，强化科学管理对道德教育的保障功能，大力营造治理有方、管理到位、风清气正的育人环境。严把教师聘用、人才引进政治考核关，严格教师资格和准入制度，学院负责对教师的思想政治、品德学风进行综合考察和把关，建立健全师德考核制度，并贯彻落实到位。

（9）不断深化服务育人

把解决实际问题与解决思想问题结合起来，围绕师生、关照师生、服务师生，把握师生成长发展需要。将党员和积极分子组建成一支公益服务队伍——“笃行社”，建立完整的规章制度，积极帮助师生解决工作学习中的合理诉求，在关心人、帮助人、服务人的过程中教育人，引导人。明确育人职能，在安全保卫服务中，加强人防物防技防建设，全面开展安全教育，提高安保效能，培养师生安全意识和法制观念。

（10）全面推进资助育人

积极配合学习做好资助工作，着力培养学生自强不息、创新创业的进取精神。精准认定家庭经济困难学生，健全四级资助认定工作机制，采用电话或者假期家访、大数据分析和谈心谈话等方式，合理确定认定标准，建立家庭经济困难学生档案，实施动态管理。坚持资助育人导向，在奖学金评选发放环节，以学生素质评价为依据，全面考察学生的学习成绩、社会实践及道德品质等方面的综合表现。在国家助学金申请发放环节，深入开展励志教育和感恩教育，培养学生爱党爱国意识。

（11）积极优化组织育人

把组织建设与教育引领结合起来，发挥党组织的育人保障功能，把思想政治教育贯穿各项工作和活动，促进师生全面发展。培养选拔一批优秀共产党员、优秀党务工作者。发挥各类群团组织的育人纽带功能，开展主题鲜明、健康有益、丰富多彩的活动，培育建设一批文明社团、文明班级、文明宿舍。建立智能制造协会和焊接协会，在学习知识的同时积极为广大师生服务，将所学知识应用于解决实际问题。

（12）条件保障

①加强政策保障。全面落实“高校思想政治工作质量提升工程”，成立“三全育人”工作领导小组，加强工作统筹、决策咨询和评估督导，建立长效机制狠抓落实。②加强队伍保障，完善教师评聘和考核机制，把政治标准放在首位，严格教师资格和准入制度。每 200 名学生至少配备 1 名专职辅导员，并设置专职副书记。教师队伍中有获得“广西高校思想政治教育杰出人才支持计划”对象、全国年度人物入围奖获得者、广西高校年度人物获得者。在教师教学评价、职务（职称）评聘、评优奖励时，把思想政治表现和育人功能发挥作为首要指标，引导广大教师不忘立德树人初心，牢记人才培养使命，将更多精力投入教书育人工作。③落实经费保障，设立党建和思想政治教育专项经费，支持开展思想政治工作。设立专门预算科目，做到专款专用。设立党建与思想政治教育专项研究课题和课改课题，支持思想政治工作队伍结合工作开展研究。

（三）具体举措

1. 建立长效机制，切实加强组织领导

加强党对思想政治工作的领导，落实学院党组织主体责任、全员共同参与的育人工作体系，把“三全育人”纳入学院发展规划和人才培养方案中。积极组织各团队分工，打造全方位育人方式。为提高育人实效，将育人的具体措施和效果纳入专任教师以及科研、管理、服务等职能部门工作人员的考核，并与绩效挂钩，使育人的“软指标”变为“硬约束”，将每月的学生百佳文明宿舍的数量直接跟辅导员的绩效挂钩，将第二课堂各班级分数指标直接作为辅导员年终考评的依据。坚持党建带团建，以党支部为依托，每个支部联系两个班级团支部，让支部人员下沉到班级，积极开展“学党史”“为群众办实事”教育，特别是志愿者服务教育，发挥出党组织和团组织协调育人的组织优势。

2. 打造课程思政品牌，筑牢课程思政建设育人机制

（1）将课程思政融入专业教学

对所有专业课程进行系统创新的教学设计和课程设计，整合各门课程的学习资源，优化课程思政教育理念，充分发挥每门课程、每个课堂的育人功能，全院教师要以“方法求优、模式求特、案例求精”的建设标准提炼课程思政要素，开展思政示范教学，组建课程思政团队，打造课程思政金课，建立一批示范课、推广课，建设一批实践实训

基地。

积极利用各种思政资源，大力推动人工智能、大数据等新技术支持下课堂教与学的模式变革和生态重塑。进一步进行专业课程的系统构建，设标准、编计划、统课程、定评价，让课程思政融入专业教学的过程，有序化、结构化、常态化。

（2）优化思政与教学的融合，建立保障机制

全面推动课程思政融入专业教学，将工作重点落在课程建设、教材改革、师资团队、动态评估、示范建设等方面。建全教学管理体制，通过多巡、多听、多评，及早发现存在的问题，进行结果研究预判，及时调整各项措施，提高课程思政教学效果。

完善质量评价机制，制订规范的指标体系，加强对教学质量的监控，明确评价主体，突出评价重点，丰富评价内容，创新评价方式，反馈评价结果。健全各项规章制度，如课程方面的教学管理制度、人才培养方案，师资方面的晋升培养制度、培训学习制度，评估方面的指标体系、督导评价制度等。

3. 优化机制多元培养，学研相济协同育人

（1）匠心勤训，强化“三全育人”工匠精神

依托“名师工作室”，开展学术相关专题讲座，并组建“工匠精神教育”讲师团，向广大师生广泛开展工匠精神教育。通过“大国工匠”“技术能手”的言传身教，在推行“1+1+1”（1个社团、1个创新项目及1项技能竞赛）育人模式的过程中，形成具有专业特色的“匠心文化”，使工匠精神内化于心、外化于行，提升师生的职业品格。

（2）借助不同载体，创新育人模式

探索协同创新研发与协同育人的机制，组建智能制造协调创新中心1个、“工匠精神教育”讲师团1个、“工匠勤训室”1个，组织工匠精神类主题讲座3场，持续培养师生工匠精神，涵育师生品行。

（3）完善科研管理机制，健全育人评价体系

以巩固科研育人工作实效需要为载体，以科研过程为基础，以育人为目标，鼓励学生积极参与科研工作，构建合理的“科研助理”工作机制。建立一套科学合理的评价体系，强化科研育人的重要性，通过奖与惩、定性与定量等多元评价模式，构建合理的评价体系。

4. 搭建实践育人平台，校企合作实践育人

1）进一步完善社会实践长效机制，完善实践育人基地管理体制，打造专业特色社会实践精品项目，利用信息化手段完善志愿服务认证平台。校内外实践基地共同发展，

打造实践育人高地。充分利用二级学院青年志愿者团队，开展社会实践服务，完善大学生志愿服务认证和表彰制度。

2）推进实践教学改革，校企协同育人，共同构建多元化人才培养模式。以社会能力、方法能力、专业能力为培养目标，校企共同制订实践教学计划，提高实践教学比例，加大项目式教学的开发力度，创新实践教学方法。结合生产实际和实训条件，科学合理地设计实践项目，开发新型教材，将吃苦耐劳、精益求精的“工匠精神”融入教材教法。

3）推进创新创业教育。深化创新创业教育改革，培养学生创新精神和实践能力。完善修改各专业人才培养质量标准，使创新创业教育与专业教育更加紧密结合，让学生在创新创业中巩固专业知识，在专业教育中提高创新创业能力。努力打造大学生创新创业品牌，通过学科竞赛、主题活动周等多种形式，大力营造大学生创新创业的文化氛围，激发学生的创新创业潜力和意识，提升学生的创新创业能力。

4）建设1个实践育人示范基地，制定一套校内实训基地开放管理制度、一套“第二课堂”学时学分转换制度和一个信息化平台，建设具有专业特色的智能制造创客中心。

5. 打造双文化品牌，文化建设培根育人

学院坚持文化育人的理念，形成了“匠师匠生”“6S”素养的双文化育人品牌。

1）“6S”素养文化品牌，以“抓重点、亮特色、树品牌、重实效”为原则，依托共青团学生会和学生社团组织，大力度打造学院活动品牌，加强文化建设。定期开展辩论赛、职业生涯设计大赛、寝室风采大赛、读书活动等一系列学生喜闻乐见的校园文化艺术活动，提升学生的文化艺术修养。注重宿舍文化建设，以企业“6S”标准要求学生，形成独具特色的宿舍文化品牌。

2）“匠师匠生”文化品牌。组织开展“工匠杯”技能比赛活动、“匠师匠生”风采展，充分发挥先进典型的示范引领作用。近年来，专业群也涌现出一批优秀的示范典型。

3）结合节假日、重要事件等时间节点，开展学生喜闻乐见的优秀传统文化活动，如清明线上祭扫、家乡的年味征文、中华经典诵读工程等，办好传统文化教育成果展示活动。深入挖掘中华优秀传统文化蕴含的思想观念、人文精神、道德规范，以提高学生自主学习和探究能力为重点，培养学生文化创新意识，增强学生传承弘扬中华优秀传统文化的责任感和使命感。

6. 拓展育人维度，加强网络建设育人

学院注重育人工作的全覆盖，着力建设积极健康的网络文化。充分利用微信、易班、QQ 等具有典型代表性的新媒体，构建网络平台，并为学生推送一些与学生自身密切相关的信息，从而形成信息交流顺畅、师生互动较强的网络文化。如通过易班推送传统文化知识，通过青年微信公众号开展青年大学习，通过 QQ 空间开展红色文化教育谈感想、谈体会、谈收获。通过课堂教学的传统形式，全面、系统、深入地解读网络社会的各种新现象、新问题和新规律；通过课堂互动、案例讨论、小组报告、课外实践等多种途径，使学生深刻理解课堂讲授的要点，加快培养学生在网络社会中生存、发展的基本技能和素质。

7. 形成“健康心理”双抓手，强化心理育人建设

学院重视学生心理教育，以心理工作站为抓手，以学生健康心理、快乐成长为教育理念。建立学校、院系、班级、宿舍“四级”预警防控体系，完善心理危机干预工作预案，建立转介诊疗机制，增强工作前瞻性、针对性。加强知识教育，通过班会、团课等形式开展以生命教育、感恩教育、适应性教育等为主题的心理班会，把心理健康教育知识通过第二课堂融入学生日常生活，推动学生自尊、自信、自强等人格的发展，注重开发学生积极的心理特质，减少学生心理问题的产生。建立学生心理档案，大一开学初对新生进行新生心理排查，建立学生心理档案，大二、大三持续对学生心理进行跟踪排查，形成每月进行班级心理排查的制度，及时掌握学生心理动态。为更及时地把握学生心理，学校要加强与家长的沟通，及时反馈学生在校情况，完善学生心理档案。加强预防干预，推广应用“中国大学生心理健康筛查量表”和“中国大学生心理健康网络测评系统”，提高心理健康素质测评的科学性。

8. 明确岗位育人职责，切实强化管理育人

学院贯彻以学生为本的管理理念，把育人作为管理工作的出发点和落脚点；强化队伍建设，提高管理者的业务素质和管理能力，打造一支专业强、业务精、技术硬、管理水平高的辅导员与专业教师协同工作队伍。结合章程、校规校纪、自律公约的修订完善，建立健全依法治校的工作要求和保障机制，研究梳理各管理岗位的育人元素，编制岗位职责说明书，明确管理育人的内容和路径，丰富完善不同岗位、不同群体的公约体系，引导师生培育自觉、强化自律。严把教师聘用、人才引进政治考核关，严格教师资格和准入制度，学院负责对教师的思想政治、品德学风进行综合考察和把关，建立健全师德

考核制度，引导干部用良好的管理模式和管理行为影响和培养学生。

9. 提升育人温度，落实服务协同育人

学院明确服务目标责任和育人职能，强化服务育人理念，研究梳理各类服务岗位所承载的育人功能，加强监督考核，设立一批“服务育人示范岗”。把解决实际问题与解决思想问题结合起来，围绕师生、关照师生、服务师生，把握师生成长发展需要。将党员和积极分子组建成一支公益服务队伍——“笃行社”，建立完整的规章制定，积极帮助师生解决工作学习中的合理诉求，在关心人、帮助人、服务人的过程中教育人，引导人。持续开展“节粮节水节电”“节能宣传周”等主题教育活动，大力建设节约型校园和绿色校园。制订健康教育教学计划，提高学生身体素质。在安全保卫服务中，加强人防物防技防建设，联合辖区派出所、消防大队全面开展安全教育，提高安保效能，培养师生安全意识和法制观念。

10. 全面落实资助体系，精准推进资助育人

学院坚持助困助贫，开展资助育人活动，例如诚信、励志、感恩教育主题班会，以及团课、征文、书法、摄影比赛，建立笃行志愿者服务队、防疫志愿者服务队，开展“保护邕江母亲河”、服务敬老院、主题植树等各项公益活动，让所有获资助的学生参与到志愿服务活动中，献爱心，服务社会、师生。注重贫困生就业服务。资助育人的目标是“授人以渔”，让每一个贫困学生顺利毕业和就业，让贫困学生家庭能够从根本上脱贫，这是高等教育领域的扶贫攻坚。在就业过程中，对贫困学生进行一对一帮扶，帮助未落实单位的学生尽快就业。树立励志典型，发挥榜样引领作用，把扶困与扶志相结合，推选展示资助育人优秀案例和先进人物。

二、发挥产教融合优势，构建校企协同育人新机制

（一）实施现代学徒制，推进校企“双主体”育人

2014 年 6 月，国务院印发《关于加快发展现代职业教育的决定》（以下简称《决定》），全面部署加快发展现代职业教育，并对开展校企联合招生、联合培养的现代学徒制试点，完善支持政策，推进校企一体化育人作出具体要求。2015 年 8 月，教育部遴选 165 家单位作为首批现代学徒制试点单位和行业试点牵头单位。广西机电职业技术学院联合南宁市焊接协会作为试点单位，自 2016 年起，与相关企业按照“合作共赢、职责共担”的基本原则，以专业群的焊接技术及自动化专业为试点，探索以行业引领的“校

企合作、工学交替”现代学徒制人才培养模式。

1. 主要建设目标

以广西机电职业技术学院焊接技术及自动化专业为试点专业，以服务区域发展为宗旨，以促进就业为导向，建立校企联合招生、联合培养、一体化育人的长效机制，探索人才培养成本分担机制，形成以行业引领的“校企合作、工学交替”现代学徒制人才培养模式。同时，结合企业生产任务与国家职业资格考核标准，改革教学模式，创新实习内容，构建基于工作过程的职业能力与素质并重的现代学徒制培养课程体系；建立一支专兼结合、校企互聘互用的“双师型”师资队伍；完善学徒制培养的教学管理、考核评价制度，形成“三方”考核评价体系，完成人才培养方案的制订。通过项目实施，为区域内的企业提供员工培养与选拔的新模式，并在全国高、中职院校焊接专业的人才培养中推广应用，推动职业教育的发展。

2. 主要建设内容

（1）探索以行业引领的校行企协同育人机制

充分利用南宁市焊接协会的行业优势，针对行业发展和产业转型升级企业紧缺的机器人焊接工艺方面的技术技能人才需求，引导企业联合院校探索“校企合作、工学交替”的机器人焊接工艺现代学徒制人才培养模式，学院与企业签订现代学徒制合作协议，明确校企双方的职责与分工，促进校企紧密合作、协同育人。完善校企联合招生、分段育人、多方参与评价的“学校＋企业”双主体育人机制。共同探索人才培养成本分担机制（如政府给予动态的财政贴补、税收优惠、资金奖励等；企业作为参与学徒制主体，应承担一定的设备投入、学徒薪酬贴补、带徒导师报酬等成本；职业院校应负责学徒制招生宣传、学徒招生、学徒管理和校内教师报酬、场地、学徒培训研讨、教师学习与提高等方面的成本），统筹利用好校内实训基地和企业实习岗位等教学资源，形成以行业引领的“校企合作、工学交替”现代学徒制人才培养的长效机制。

（2）推进招生招工一体化

通过行业调研，确定人才培养方向与培养目标，引导“机器人焊接工艺”人才急需企业积极参与学院试点专业的联合招生工作，制订和完善学院招生录取和企业用工一体化的招生招工制度，推进校企共同研制、实施招生招工方案。校企共同协商，规范现代学徒制培养、职业院校招生录取和企业用工程序，制订《学徒与企业协议书》《学校与企业协议书》《学校、企业、家长三方协议书》等，明确学徒的职业院校学生和企业员工的双重身份。按照双向选择原则，组织学徒、学校和企业签订三方协议，明确三方权益，特别是学徒的知情权、工作津贴、保险等，确保学徒的根本权益得到保障。

（3）完善人才培养制度和标准

充分利用南宁市焊接协会与行业其他协会（广西焊接学会和中国焊接协会）以及企业紧密合作的资源优势，分析行业发展和产业转型升级企业对机器人焊接工艺紧缺人才的需求状况及能力与素质要求，指导校企合作双方按照“合作共赢、职责共担”原则，共同设计人才培养方案，制订并细化专业教学标准、岗位标准、企业师傅标准、质量监控标准及相应实施方案，制订顶岗实施课程标准等，形成基于合作企业典型产品生产过程的顶岗实习课程，校企双方共同建设“岗位能力与职业素质并重”的现代学徒制课程体系，开发基于岗位工作内容、融入国家职业资格标准的专业教学课程和教材，重点开发《机器人焊接工艺》《焊接设备及应用》《焊接技能实训》《数控切割技术及应用》《焊接职业英语》等教材。引入企业“6S”管理和“精益生产”理念，探索“精益教学”的教学与管理模式，提高现代学徒制人才培养的质量和效率。

（4）建设校企互聘共用的师资队伍

结合人才培养目标，完善现代学徒制人才培养“双导师”的师资队伍，建立健全双导师的选拔、培养、考核、激励等制度，形成校企互聘共用的管理机制。明确双导师的职责和待遇，合作企业选拔优秀高技能人才担任师傅，明确师傅的责任和待遇，应将师傅承担的教学任务纳入考核，师傅可享受相应的带徒津贴。学院将指导教师的企业实践和技术服务纳入教师考核并作为晋升专业技术职务的重要依据。建立灵活的人才流动机制，校企双方共同制订双向挂职锻炼、横向联合技术研发、专业建设的激励制度和考核奖惩制度。

（5）建立体现现代学徒制特点的管理制度

建立健全与现代学徒制相适应的教学管理制度和弹性学制。组织试点专业与合作企业，对学徒进行联合培养、一体化育人，制订学徒实习管理制度、实习生安全制度、准员工实习考核制度、准员工转为员工制度以及第三方评价考核办法等管理制度，并落实学徒人身意外伤害保险、工伤保险、实习责任保险等，确保学徒的人身安全。

（6）建立多方参与的考核评价机制

创新考核评价制度，制订以育人为目标的实习实训考核评价标准，将学生自我评价、教师评价、师傅评价、企业评价、社会评价相结合，积极构建第三方评价机制，由行业、企业和其他培训与鉴定机构对学徒轮训岗位群进行技能达标考核。建立定期检查、反馈等形式的教学质量监控机制。

（二）组建智能制造产业学院，推进产教深度融合

为深化人才供给侧结构性改革，促进教育链、人才链与产业链、创新链的有机衔接，加快推进学校产业学院建设，以数控技术专业群及相关行业企业为主体，组建了智能制造产业学院，并制订了广西机电职业技术学院智能制造产业学院建设方案。

1. 建设思路与目标定位

依托学校国家级示范专业点和省级优势、特色专业（群）建设，创新校行企多元办学体制，深化人才培养模式改革，探索政府、高校、企业、行业协会多方协同育人的教学模式，促进人才培养供给侧和产业发展需求侧结构要素的全方位深度融合，培养面向智能制造相关产业领域、具有国际视野、核心专业能力强的创新型技术技能人才。

以智能制造相关专业为主体，对接地方智能制造产业集群，促使企业、行业、政府支持办学建设，参与办学过程，形成校政行企等多方深度融合、协同育人的办学模式，依托国家示范或省级优势、特色专业建设点，建立教育链、人才链紧密对接产业链、创新链的专业建设体系，建设特色鲜明、行业引领示范的产业学院，将产业学院建成学校人才培养、科学研究、社会服务的组织创新和机制改革的重要平台。

2. 总体规划

以数控技术、机械设计及制造、智能焊接技术专业等智能制造类专业（群）为主体，按照“一院多企、一院多子”（“一院多企”即产业学院可由多个企业共建，“一院多子”即智能制造产业学院可由多个子分院组成）和“校中院”“企中院”的建设思路，实施校行企共建产业学院。探索产业学院混合所有制建设与办学模式，实现产业学院“标准、资源、队伍、技术、项目”融合，带动高端装备制造业智能制造人才培养和技术革新，引领区域和行业智能制造人才培养与产业转型发展，服务智能制造国家发展战略，形成产业学院建设的示范模式。

3. 建设内容

（1）创新产业学院管理与运行机制建设

1）创新产业学院管理架构。

①成立学校产业学院理事会。由学校、政府、行业企业代表组成，宏观指导产教融合校企合作发展，主要负责对产业学院发展规划、资金预算、人才培养、设施建设、师

资队伍建设、考核评价管理和改革等重大事项进行决策。出台产业学院理事会章程，明确理事会的职能、成员组成、工作内容、成员权责等，确定各方主体的沟通协调方式和议事规则。产业学院实行理事会领导下的院长负责制，下设综合办公室，并配备固定的管理人员负责产业学院的具体工作，明确各员工职责分工，形成常态化工作机制。

②理事会下设立产业学院专业指导委员会。负责对有关教学建设、教学管理和教学研究与改革等工作中的重大问题进行决策，监督教学运行、教学质量管理和教师教学发展。基于校企协同的人才需求和培养标准，制订与产业紧密对接的人才培养方案，拟定符合产业要求的专业标准和课程标准，设计适应产业需求的课程体系，开发贴近产业实际的教材、教学软件等。

2）创新产业学院运行机制。通过深化校行企合作、产教融合，探索多主体“共建、共管、共享、共赢”运行机制（共同投入、共制方案、共施教学、共建平台、共融师资、共享成果、共担风险）；在理事会管理制度下，共建运营服务平台，创新产业学院管理模式。

具体措施如下：

①共投资金。多方共同投入建设资金，学校投入产业学院建设经费，企业通过捐赠和准捐赠方式投入产业学院建设，学校统筹自有经费、企业经费和地方财政经费建设产业学院，加大对产业学院的经费支持力度。

②共制方案。结合区域装备制造产业转型升级对技术技能人才的需求，校行企共同制订个性化的专业集群建设方案和人才培养方案，实现与产业发展的紧密对接，培养更适应行业应用深化和技术融合的应用型、专业型人才。构建与行业匹配的人才培养体系，通过技术集群、课程集群、项目集群，实现面向需求、专业协同的专业建设和人才培养形式。

③共施教学。学校与企业等多主体基于现代职业教育技术开发和以学生为中心的教学理念，创新教学模式与方法，推进项目式、案例式教学。校内外教师有机分工，承担教学任务。校内专任教师承担大部分理论课程和实践教学环节中基础实践层次的实验实训教学。企业、行业协会兼职教师承担大部分实践教学环节。

④共建平台。加强产业学院与行业企业的应用课题研究，共建服务地方特色产业的技术研发中心、联合实验室等。行业企业将技术革新项目作为大学生创新创业训练和毕业设计（论文）的课题来源，安排企业导师全程指导，实行真题真做。校企双方共建共

享集实践教学、科技研发、生产实习、培训服务等多位于一体的实习实训平台，营造真实生产和技术开发工作环境，共建创新创业实践教育中心和基地。

⑤共融师资。聘请行业企业资深专家、技术骨干和管理专家担任专兼职教师。加大校内教师转型力度，引导教师向“双师双能型”转变。双方共同组建“项目引领、矩阵联动”的校企混编、专业融合教学团队，共同建设教师发展中心，创新教师评价机制和职教师资技术培训基地，为全国职教系统贡献示范模式。

⑥共享成果与共担风险。依托创新中心，开展创新应用和对外服务，积极推进科研成果与产业应用，共同拥有知识产权，共享创新应用成果。学校制订绩效考核评估体系，每年对产业学院的办学情况进行考核评估，对考核不合格或出现重大违法事件的，学校将终止合作并追究相应责任。

（2）搭建专业（群）多主体协同育人平台，探索“五对接、五融合”产教协同人才培养改革模式。

立足区域产业布局，聚焦高端装备制造业的产品数字化设计、智能化控制、智能化生产、智能化服务等关键链，校行企共同投入，出设备、出技术、出人才，搭建“校中院”“企中院”多主体协同育人平台。依托平台，以装备制造产业转型发展需求为导向，以培养智能制造类复合型技术技能人才为目标，校行企协同制订并实施人才培养方案、学生发展标准，将立德树人和工匠精神培育贯穿职业能力培养全过程。通过现代学徒制、混合所有制、订单式培养、跨专业项目化培养等多元化校行企合作形式，将企业需求、行业标准与国家职业资格标准融入人才培养过程；以学生为中心，以产出为导向，按照岗位标准对接专业标准、生产过程对接教学过程、工作任务对接教学项目、生产现场对接实训基地、技术团队对接教学团队的“五对接”，实施教学内容融合工作任务、课堂融合车间、知识融合技能、教师融合师傅、校园文化融合企业文化的“五融合”。构建“五对接，五融合”的人才培养模式，实现人才培养供给侧和产业发展需求侧结构要素的高度契合。

具体措施如下：

1）与相关行业企业合作开展“柳工—机电工程机械智能焊接产业学院（中焊协—柳工—学校）”“铭嘉—机电交通智能焊接技术产业学院（广西焊学—铭嘉—学校）”“弗纳姆—机电弧焊3D打印技术产业学院（南宁焊协—弗纳姆—学校）”等“校行企”三主体协同育人平台建设。

2）与相关企业合作开展“GF-机电智能制造技术产业学院”“海克斯康—机电精密智能检测技术产业学院”和“钱江—机电智能产线与系统集成产业学院”等“校企”双主体协同育人平台建设。

3）以各产业学院为依托，联合相关企业，围绕专业群“1+X证书制度”，开展职业技能等级培训，将职业技能等级培训内容有机融入专业人才培养方案，优化课程设置和教学内容，提高人才培养的针对性；探索“五对接，五融合”的产教协同人才培养模式，实现人才培养供给侧和产业发展需求侧结构要素的高度契合。

（3）提升专业（群）建设，增强职业教育的适应性

以服务广西高端装备制造产业发展为宗旨，以提高职业教育的社会适应性为目标，结合产业转型升级对智能制造类人才的需求，校行企联合调研、研讨，进一步优化专业（群）设置，修订专业（群）教学标准。通过智能制造产业学院多主体育人平台，围绕“数字赋能”，将高端装备制造业发展与创新需求贯穿到教育链和人才链的重构中，为企业培养高素质创新型智能制造技术人才。校行企开发智能制造专业群数字化专业体系，在专业群建设、课程体系、实训基地建设、教师培养等方面实现数字化转型，基于数字技术、人工智能及虚拟仿真构建开放知识源、实践场，实现校企多平台交互的融合创新，解决学生所学与企业所需不一致的问题。

具体措施如下：

1）精准定位，优化专业结构布局。将新一代信息技术作为产教融合的切入点，升级传统专业，构建专业动态调整机制，将数字化技术融入专业建设，构建能动态调整、集合效应显著的智能制造专业群，使专业（群）人才培养主动适应产业集群的发展。

2）对接职业能力，优化课程设置。技术融合课程思政，推进教学改革对接先进装备制造领域，按照智能化设备应用、安装与调试、产品数字化设计与智能化生产等工作领域的典型工作任务涉及的知识、技能进行专业群课程优化设置。紧贴智能制造发展前沿，与企业合作开发融入了新技术、新工艺、新规范的课程内容，利用“信息技术+”，开发静态和动态数字化教学资源。通过教学资源高地建设，构建“共建、共享、共用、互通”的数字化教学资源配置体系，提高职业教育服务企业数字化改革的能力。持续进行以“课程思政”为目标的课堂教学改革，融入企业文化，突出工匠精神，以企业劳动模范、科技精英事例为思政案例，开展课程思政示范课堂、思政课程示范课程、思政课程示范案例三示范建设，实现各类课程与思想政治理论课的同向同行，发挥协同育人

效应。

3）共建资源，虚实相融，建设智慧学习工场。围绕实践教学活动重组线上线下教学资源，建设以融入数字化技术为主体的产教融合实训基地，利用以产业学院生产性实训基地为蓝本搭建的“虚实结合”实训环境，构建自主学习、智能环境、多元合作、协同创新的智慧学习工场。基于VR、数字孪生等技术，探索教学与生产双重功能的实现路径，打造集人才培养、科学研究、技术创新、企业服务、学生创新创业等功能于一体的示范性人才培养平台。

4）文化引领，加强团队教师能力建设。建立师德师风建设长效机制，加强团队文化提升建设，将师德素养、工匠精神融入育人全过程。深化与中国焊接协会、广西柳工集团、海克斯康等行业企业的合作，选聘行业专家、企业高级技术人员担任产业导师，不断优化团队人员结构，打造交叉互融、错位发展、能力互补、结构优化的高水平校行企多方结合的教学团队。组织团队教师全员开展专业教学法、课程开发技术、信息技术应用培训以及专业教学标准、职业技能等级标准等专项培训，利用“信息技术+”推动课程建设、教学方法等改革，不断提升教师模块化教学设计实施能力、课程标准开发能力、教学评价能力、团队协作能力和信息技术应用能力；支持团队教师定期到企业实践，学习专业领域先进技术，促进关键技能改进与创新，提升教师实习实训指导能力和技术技能积累创新能力。

（4）打造“双师双能型”的高水平教学创新团队

依托智能制造产业学院，深化产教研融合发展，坚持以技术引领专业建设，继续完善校企人才双向流动“混编”机制，选聘行业协会、企业业务骨干，以及优秀技术和管理人员等到产业学院任教，强化产业学院师资队伍多元化发展，努力打造一支理论知识扎实、技术过硬、素养过高、能力过强的高水平教师队伍，将产业学院建设成“双师双能型”教师研讨、交流、培训和认证的人才小高地。

具体措施：

1）组建校企“混编”团队，构建产教协同育人环境。通过校企混编专业建设管理团队，创建专业建设混编团队动态管理模式，实现专业链与产业链的有机对接；通过校企混编课程建设管理团队，创建课程体系建设混编团队动态管理模式，实现人才链与岗位链的有机对接，同时创建教材建设混编团队动态管理模式，形成以校企联合开发的生产案例为核心的功能模块化教材，实现教学内容与生产实践内容的有机对接；通过校企混编科研创新团队，校企共同面向行业企业开展应用科研创新和开发。

2）依托产教融合实践基地，打造“双师双能型”教师培养基地。智能制造产业学院依托校企联合共建的校内实训基地，开展产业学院“双师双能型”教师队伍建设。借助生产性实训基地真实的工厂环境，在真实生产环境和产业导师的影响下，将企业元素渗透到产业学院文化中。校企双方通过共同制订人才培养方案，共同开发课程标准和课程内容，共同承担授课任务，共同开展科学研究、技术创新、社会服务、项目孵化等工作，建设校企双向交流的“双师双能型”师资团队，有效促进校内教师和产业导师教学能力、实践能力、科研能力和职业素养的提升，为智能制造行业复合型技能人才培养提供可靠保障。

（5）校行企共建“产教融合型”实习实训和协同创新平台

秉承“能力与素质结合、虚拟与现实结合、教学与生产合作、传统与先进结合、国内与国际结合”的理念，加强产业学院与政府行业企业的合作，共建服务区域智能制造产业发展的技术研发中心、培训基地、生产性实训基地等，形成“多方”共建共享，集实践教学、科技研发、生产实习、培训服务、技能竞赛等于一体的产教融合型实习实训和协同创新平台。将行业企业技术革新项目、生产技术难题攻关、实际产品生产等引入教学，校行企导师协同参与、全程指导，实行真题真做，营造生产和技术开发的真实工作环境，实现多主体协同培养创新型技术技能人才。

具体措施：

1）与行业企业合作，共建机器人焊接培训和推广基地、自动化焊接实习基地、智能焊接产线与系统集成实习基地等实习实训平台，引入企业实际产品生产，开展专业（群）机器人基础操作与维护、机器人焊接工艺与编程实践教学以及机器人焊接操作员、操作技师的培训与认证；

2）与智能制造领军企业共建智能制造技术中心、智能焊接技术中心、“数字孪生”智慧质量中心。借鉴企业化运作与管理模式，规范技术中心的组织管理，加强技术中心的内涵建设，建成集技能训练、社会培训和对外技术服务于一体的综合性实践基地与创新服务平台，形成产教深度融合和技术创新的典范。

（6）提升专业（群）服务产业发展能力建设

加强与行业协会、优质企业或产教融合型企业的战略合作，发挥高等职业学校的人才优势和行业企业的资源、资金、技术与管理优势，校行企共建产业技术协同创新中心、工程技术研究中心、技术推广转化中心等产业发展平台。完善产业发展平台的相关制度及运行机制，创新产业学院服务产业发展模式，校企协同开展产业前沿技术研发与新产品研制、产业共性关键技术攻关、成果转化、社区人员培训等工作，提升产业学院服务地方产业发展的能力，促进区域产业的高质量发展。

具体措施如下：

1）依托产业学院，与行业企业共建中国焊接协会智能焊接技术培训与推广中心、广西机器人焊接工程研究中心、智能制造技术与成果转化中心、弧焊 3D 打印技术应用研发中心等集科研、社会培训、技术攻关和成果转化于一体的技术技能创新服务平台。助力区域产业转型升级和高质量发展。

2）以服务区域经济发展为宗旨，联合区域内高、中职院校和装备制造行业龙头企业建立“智能制造产学研联盟”，促进科研成果转化，助力区域中、小型企业转型升级，助力区域内职业院校职业教育的改革与发展。

（7）加强国际合作与交流

响应“一带一路”倡议，加强与东盟等国家的合作，探索以产业学院为主体的跨境合作办学和国际化人才培养模式。充分发挥产业学院教育和产业资源优势，开发并推广高质量专业教学标准和教学资源，通过共同招收产业学院留学生、设置境外办学点、跨境校企合作等方式，培养培训国际化技术技能人才，助力企业“走出去”。

具体措施：

1）充分利用产业学院资源优势，联合中国焊接协会与欧洲焊接学会、德国焊接协会，开发“机器人焊接人才培训与认证”国际标准，建设融入国际标准的培训课程和教材，成立“国际机器人焊接培训与资格认证中心”，开展与国际接轨的人才培养与认证；与德国工商大会合作，引进优质资源，联办 AHK 双元制、欧姆龙精益生产等项目，提升国际合作办学能力。

2）联合相关行业企业，依托产业学院“国际机器人焊接培训与资格认证中心”以及学院与金砖国家技能发展小组、“嘉克杯”国际焊接技能大赛等合作平台，与东盟及“一带一路”沿线国家合作，推广先进的机器人焊接技术和标准，开展职教合作办学、企业员工培训、技能竞赛以及技术服务，提升东盟国家的焊接技术水平，提高国际影响力。

三、专业建设与创新创业教育相融合，构建“创新能力+”人才培养体系

智能制造的特征决定了其需要跨学科复合型人才，随着制造业逐渐向“数字化”“智能化”的方向发展，具备专业性、通用性和融合性技术的创新型人才为更多企业所青睐。针对部分院校存在的教育教学理念相对滞后、机制不够完善、内容方法陈旧单一、实践教学环节薄弱的问题，修订专业人才培养方案，将创新精神、创业意识和创新创业能力作为评价人才培养质量的重要指标。在人才培养过程中必须不断挖掘、充实创新创业教育资源，培养学生的创造性思维、批判性思维，建立以创新能力培养为目标的培养体系。

数控技术专业群依托“2院1室1团多企”（工程实训学院、创新创业学院、创新工作室、科技型社团和合作企业），通过引入TRIZ理论及创新方法，构建了创新能力培养体系并搭建了“创新工程中心”，它作为产教融合的创新实践平台，贯穿于创新人才培养的各个组织机构、运作团队，并以“创意、创新、创造、创业”为特色，形成了“一核四翼”的组织模型（见图3-1）。其中，“一核”是创新工作室，主要负责TRIZ等创新知识的普及，促使形成“三创”意识；“四翼”包括：①科技型社团，利用其场地、师资、设备，指导、支持学生开展创新活动，利用TRIZ解决实际问题，创作设计原型；②工程实训学院，利用它们的师资和设备协助学生解决创新难题，提供指导方案，开展技术指导；③创新创业学院，负责对学生的创新产品提供市场论证、产品市场化等方面的帮助和指导；④合作企业，协助学生将创新产品转化为创业项目，并提供资源和资金渠道，TRIZ创新团队也指导合作企业利用TRIZ方法进行工艺、技术升级。

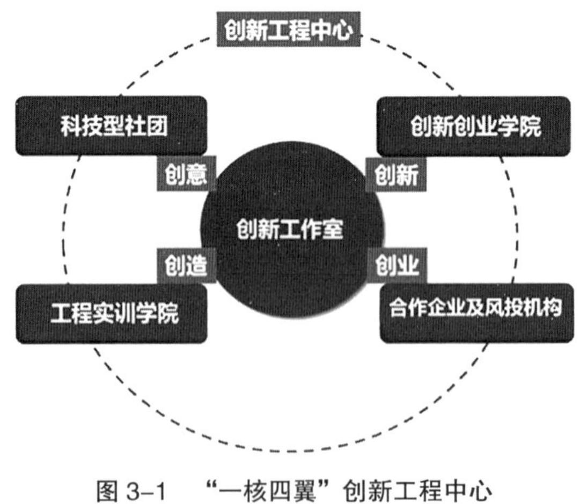

图3-1 “一核四翼”创新工程中心

以创新工程中心为载体，专业群开展“创新能力+”人才培养的具体途径如下：

（1）“创新能力 + 课程”

通过融入 T 形人才培养理念，打造以培养创新能力为主线的课程体系，T 型人才培养理念强调综合素质与专业发展能力在人才培养中的核心地位。“T”上面的横线对应学生综合素质的培养，旨在增强学生在社会中的合作能力、表达能力、职业素养、身体素质等；下面的竖线对应专业知识的纵向深化，从基础理论到前沿应用，旨在系统地培养学生的专业应用能力、学习能力。

T 型人才既有专业深度又有思维广度，具备较强的创新能力。设计课程体系时，融入 T 型人才的理念，按照“通识 + 专业 + 实践”三层纵向递进培养学生的专业能力，阶梯式实现“底层共用、中层交叉、高层互选”，每层通过横向共享、交叉、互选课程培养学生的综合素质，并将“TRIZ 入门”“TRIZ 创新实践”等创新培养内容贯穿于人才培养过程。

1）底层共用：通过深入分析相关职业岗位群的工作过程，提炼专业群培养人才的共性知识、能力与素质要求，构建专业群共用课程平台，即“通识模块”，开展专业通识教育。

2）中层交叉：根据专业群所面向的产业构建“专业模块”。通过分析核心专业与支撑专业的共性，形成围绕核心岗位工作领域的专业群核心课程，即“交叉课程”；通过分析核心专业与支撑专业的差异，根据不同专业人才分流培养的特点，建设特色鲜明的专业“模块课程”。

3）高层互选：根据面向产业的典型企业人才需求，构建“实践模块”。建立专业群互选实践课程，通过“工程项目 + 岗位实践”实现跨界融通，即“互选课程”，体现专业群的适应性和拓展性。

（2）“创新能力 + 项目”

一是设置“项目 + 导师”形式的学期项目。根据学生综合专业能力的培养要求，设置基于多课程综合应用的学期项目。例如，数控技术专业前三学期完成“机械制图”“机械创新设计”“PLC 技术”“数控加工工艺与编程”等课程教学，通过第三学期的“学期项目”进行机械创新设计综合能力的培养。学期项目采用导师指导、项目实施、成果考核的形式开展教学。导师将竞赛项目、创新项目、科研项目、企业服务项目等设计成学期项目，学生可根据自身的兴趣、专长等选择其中一个项目，跨专业组成创新小组，以师生双向互选的形式，开展项目导师制学习。第三到第五学期，学生每学期完成一个项目，根据能力递进培养规律，逐步拓展课程项目技术技能的深度和广度。二是建立“智能制造创新班”，培养拔尖人才。面向机电产品开发、智能制造生产线生产与管控、智能制造单元安装与调试等技术复合度高的岗位群，聚焦创新型、复合型技术技能人才培养，成立“智能制造创新班”，实施全程双导师制培养，并通过企业、师傅、学徒互选的形式，在区域企业或产业学院开展分阶段现代学徒制。通过健全学生创新激励机制，对接课程目标，建立“星级”评价制度，实行动态考核。以智能制造创新班为引领，带动专业群其他学生创新能力的培养。

（3）“创新能力 + 第二课堂”

跟踪产业发展趋势，邀请行业企业专家、技能大师走进校园，以论坛、讲座等不同形式，在专业群内营造创新创业氛围，增强学生的创新意识和创业能力；依托专业群专业发展研究基地、产业学院、创新工程中心、科技型社团等实践教育平台，为学生提供创新创业训练项目和创业实践项目；开展创新创业大赛、第二课堂等活动，创建以课程、课堂、实训、竞赛、成果孵化为主要内容的教学体系；编制学生科技成果转移转化系列制度，引导学生将竞赛项目进行科技成果转化，通过“导学”“导做”“导研”，在学生的创意、创新、创业意识培养和能力提升等方面实现协同与融合，实现从创意到创业的“全链式”创新创业教育。

第二节　课程改革与教学资源建设

一、立足专业特色，推进课程思政建设

以立德树人为根本，全面实施课程思政教育教学改革，构建全员全过程全方位育人体系，将价值引领贯穿教育教学全过程，落实教学环节的育人功能，全面推进课程思政建设工作，结合“广西机电职业技术学院课程思政工作指南”及二级学院工作实际，编制了“广西机电职业技术学院机械工程学院课程思政工作实施方案”。

（一）指导思想

以习近平新时代中国特色社会主义思想为指导，坚持社会主义办学方向，落实立德树人根本任务，按照价值引领、能力达成、知识传授的总体要求，全面推进学校课程思

政建设，深化学校课程思政教学改革，充分发挥各类课程的育人作用，促进各类课程与思政课程的同向同行，推进全员全过程全方位育人，培养德智体美劳全面发展的社会主义建设者和接班人。

（二）建设目标

加强师德师风建设，强化教师立德树人使命，引导教师自觉将思政教育融入各类课程教学。深入发掘各类课程的思想政治教育资源，将职业道德、劳动精神、工匠精神有效融入每门课程当中，促进各类课程与思想政治理论课的同向同行，协同育人。构建多层次、系统化、全覆盖的课程思政教学体系，形成“专业有精品、课程有思政、课堂有育人”的新局面，培养品德高尚、敬业爱国、技能精湛、创新务实的技术技能型人才。

每学年开展课程思政示范课程建设、示范课堂和课程思政授课比赛等系列活动，构建课程思政育人体系，将思想政治教育元素融入各类课程教学，促使全体教师、各项教学活动与教书育人同向同行，促进思想政治教育与知识技能体系教育的有机统一，构建协同育人机制，提升学校人才培养能力。

（三）建设原则

1. 协同推进原则

课程思政建设工作是一项系统工程。学院要加强建设工作的顶层设计，统筹协调学院规划和“双高计划”建设，承担“提质培优行动计划”任务和课程思政等重点建设项目工作，坚持把落实立德树人根本任务作为第一要务，推进学校高质量发展，坚持整体和局部相结合、全面推进和重点突破相结合，努力做到顶层设计整体布局、协同推进示范引领。

2. 教师主体原则

教师是推进课程思政建设的直接实践者，教师的自身素质和业务水平是影响课程思政的重要因素。坚持“教育者先受教育”的原则，提升教师自身思想政治素质和教书育人能力。同时，教师要创新教育教学方法，使课程思政要求与课堂教学有机结合，增强课程育人的实效性。

（四）主要任务

落实广西机电职业技术学院课程思政主体责任，科学规划与设计学校课程思政教学体系，开展专业课程思政示范工程建设，全面推进学院、专业、课程三级课程思政教学改革与建设，全面提升立德树人效果。

1. 强化立德树人，落实课程思政主体责任

学院党政主要领导为课程思政建设第一责任人。立足学院发展定位和人才培养目标，研究制订相关制度，将课程思政纳入学院发展规划、人才培养方案，并融入每门课程。学院要结合专业人才培养特色，加强师德师风建设，推动全体教师参与课程思政工作，充分发挥“双带头人”作用，统筹推进专业基础课和专业主干课的课程思政教学改革。任课教师要进一步强化思想认识，深入挖掘课程内容和教学方式中蕴含的思想政治教育资源，探索和创新课程思政教育方法，不断提升课程思政能力。

2. 实现全面覆盖，构建科学合理的课程思政教学体系

各专业要在公共基础课程、专业教育课程、实践类课程等课程、教材中落实课程思政要求，紧紧围绕国家和广西地方的发展需求，结合学校发展定位和全面提高人才培养质量这个核心点，有针对性地修订人才培养方案，全面推进课程思政建设。

公共基础课程要重点建设一批提高大学生思想道德修养、人文素质、科学精神、法律意识、国家安全意识和认识能力的课程，注重在潜移默化中使学生坚定理想信念、厚植爱国主义情怀、加强品德修养、增长见识、培养奋斗精神、提升综合素质。打造一批有特色的公共必修课程，帮助学生在体育锻炼中享受乐趣、增强体质、健全人格、锤炼意志，在美育教学中提升审美素养、陶冶情操、温润心灵、激发创造创新活力。

专业教育课程要体现课程的广度、深度、温度，要根据不同专业的特色和优势，深入挖掘专业课程蕴含的课程思政要素，明确不同专业课程的思政目标，从课程所涉及的专业、行业、国家、国际、文化、历史等角度，挖掘提炼以工匠精神为核心的德育元素，将社会责任、爱岗敬业、团队协作、身心健康、诚实守信、精益求精、劳动竞技、文化传承、创新创造等元素和典型案例贯穿到课程体系的设计与执行中。建设一批体现课程思政理念的专业特色课程，注重增强学生主动服务广西经济社会发展的意识和能力，增强学生“建设壮美广西，共圆复兴梦想”的责任感和使命感。

专业实训实践课程要融入职业精神、劳动精神和工匠精神，引导学生树立正确的劳动观，培养学生踏实严谨、吃苦耐劳、精益求精、追求卓越的优良品质。创新创业教育课程，要注重让学生“敢闯会创”，在亲身参与中增强创新精神、创造意识和创业能力。

社会实践类课程要注重教育和引导学生弘扬劳动精神，将“读万卷书”与“行万里路”结合起来，扎根祖国大地，了解国情民情，在实践中增长智慧才干，在艰苦奋斗中锤炼意志品质。

3. 突出示范引领，开展课程思政示范工程建设

培育和遴选 1 ～ 2 个课程思政示范团队，选出若干名课程思政教学名师，推出 10 门课程思政示范课程，提炼一系列可推广的课程思政示范课堂、课程思政教学案例、改革典型经验和特色做法，形成一套科学有效的课程思政教育教学质量评价考核体系。发挥示范工程的引领带动效应，形成可推广的、有彰显度的成果，以点带面地推进学校课程思政教育教学改革，让课堂主渠道功能实现最大化，全面提升立德树人效果。

4. 强化使命意识，提升教师课程思政建设能力

强化教师立德树人的使命意识，引导教师以德立身、以德立学、以德施教，引导教师形成重知识传授、技能培养，重价值引领的观念，通过多种方式引导教师树立课程思政的理念，把思想引领和价值观塑造融入课程之中。加强教师的课程思政能力建设，建立健全优质资源共享机制，搭建“骨干引领、团队互助、专业联动、整体提升”的课程思政建设交流平台，开展课程思政典型经验交流、线上线下教学观摩、课程思政教学能力示范等活动，开展教师课程思政专题培训，举办课程思政教学竞赛。充分运用专题培训、专业研讨、集体备课等手段，就课程思政教学的改革与实施加强互动交流，让广大教师能够通过课堂主讲、现场回答、网上互动、课堂反馈、实践教学等方式，把知识传授、技能培养、思想引领融入每一门课程的教学全过程。

5. 完善教学质量监控体系

在课程建设、课程教学组织实施、课程质量评价体系中，注重价值引领功能的增强和发挥；在教学过程管理和质量评价中，将价值引领作为一个重要监测指标。从源头、目标和过程上强化所有课程融入德育教育的理念，并在教学建设、运行和管理等环节落到实处。在课程标准、教学设计等重要教学文件的审定中，要考量“知识传授、能力提升和价值引领”同步提升的实现度；在精品课程、示范课程的遴选立项、评比和验收中，应设置价值引领或德育功能指标；在课程评价标准（含学生评教、督导评课、领导同行听课等）中，应设置价值引领观测点；在授课计划和课堂教学评价中，应设置育人目标维度。

（五）具体措施

1. 建设课程思政示范课程

每年度遴选 1 ～ 2 门课程完成课程思政示范课程建设，每门课程思政示范课程组成

成员不少于 2 人。课程思政示范课程建设内容主要有：

（1）修订课程标准

新课程标准须确立价值塑造、能力培养、知识传授“三位一体”的课程目标，并结合课程教学内容实际，明确思想政治教育的融入点、教学方法和载体途径，评价德育渗透的教学成效，注重思政教育与专业教育的有机衔接和融合。

（2）制作新课件（新教案）

根据新课程标准，制作能体现课程思政特点的新课件（新教案）。

（3）提供教学改革典型案例和体现改革成效材料

主要包含本课程开展课程思政教学的典型案例（含视频、照片、文字等多种形式）、本课程学生的反馈与感悟及其他可体现改革成效的材料。

2. 完善课程思政育人评价体系

修订专业人才培养方案，将课程思政理念有机融入学校各专业人才培养方案，建立课程思政教学效果评价体系。严格执行领导、同行听课制度，在听课记录中体现课程思政内容。在“学评教”体系中体现育人评价元素，完善“学评德”体系，使德育元素成为“学评教”的重要内容。

3. 开展集体备课活动

每年分别于春秋季学期开学前，以专业团队、课程团队为单位，全面开展课程思政集体备课活动，着重围绕“备内容、备学生、备教法”，发挥团队合力，凝聚智慧，提升课程思政教学效果。

4. 开展课程思政示范课堂听课活动

每年度各专业负责建设 1 ～ 2 个课程思政示范课堂，开展 1 次以上部门教师参加的示范观摩听课，重点对融入课程课堂教学的思政教育元素进行评估。听课人员听课后须及时填写听课记录表，提交各专业团队汇总统计。

5. 开展课程思政授课教学比赛活动

每年度学院组织课程思政授课教学比赛，在组织开展专业课程思政授课教学比赛的基础上，择优选送 2 项作品参加学校课程思政授课教学大赛。

6. 开展课程思政建设专项研究

各专业选取一门课程作为课程思政研究对象，申报学院每年的课程思政建设专项课题。

7. 开展课程思政第二课堂系列活动

充分发掘和运用第二课堂各模块项目蕴含的思想政治教育资源，将素质教育活动与思政元素深度融合，建设“思想成长”“创新创业”“志愿公益”等一批充满德育元素、发挥德育功能的“课程思政”第二课堂素质教育活动，让学生在特色鲜明的第二课堂系列活动中学会做人做事，不断提升综合素养。

二、满足现代教育教学需求，打造新形态教材和教学资源

教材承载着一个专业的知识体系，传统教材容量有限，更新周期慢，且形式单一，知识缺乏互联互通等，已无法满足现代教育教学的需求。随着互联网技术和计算机技术的发展，传统教学正在向线上教学、线上辅导和虚拟现实体验拓展，传统阅读也在向数字阅读、有声阅读、视频阅读、VR 阅读等方式转变。在跨界融合引领教育变革过程中，新形态教材不仅将课程与教材资源有机融合，将纸质教材及其配套的电子资源深度融合，还将教材与教学活动、课堂结合，它不仅提供了海量的学习资源，也大大提高了教学的时效性，可以实现“随时、随地、随需”的学习，形成一种创新教育教学模式的教学生态，更有助于学生的个性化学习和教师的因材施教。

（一）活页式教材的开发

专业群为满足项目教学的需要，从课程知识体系特点、企业实际产品生产、学生学习特点等方面全面考虑，与当地龙头企业合作，开发源于企业真实工作项目的《多轴数控加工技术》《机器人焊接工艺》《液压与气动技术》等 5 部活页式教材。活页式教材根据所授课程对应的职业岗位需求、教学目标、学生学情、实验实训条件等，对具体的教材内容进行定制。教材内容不仅覆盖完成同一工作任务所使用的不同类型设备、技术、工艺和方法，且各基本组织单位相对独立，可组合、可拆分、可单独更新，并融入“课程思政”和“工匠精神”，同时配套电子课件、微视频、动画等信息化资源，打造成为新形态立体化教材，为学生提供自主学习的教学资源。所开发的教材按照“源于生产，随技术发展和产业升级动态更新、动态调整，按需定制”的思路，及时更新完善，灵活地对教材中所涉及的工作任务进行单独更新和优化组合，解决传统教材修订周期长的问题，提高了教材反映新知识、新技术、新工艺、新标准、新岗位的时效性。

（二）网络教学资源建设

随着教育信息化的不断推进，网络教学的推广使得学习者的终身学习和终身受教育

成为了可能。网络教学资源作为网络教学的核心，是网络教学和网络学习得以顺利开展和运行的重要保证。

数控技术专业群长期以来高度重视信息化课程建设，基于广西机电职业技术学院网络课程和精品课程建设平台，打造了“CAD/CAM 软件应用”等 3 门省级在线开放精品课程，建设了院级教学资源库，并于 2019 年联合南宁职业技术学院等 5 所学校、广西柳州五菱汽车有限公司等 6 家企业共同成立了省级资源库建设团队，共同建设“数控技术专业教学资源库”。通过该资源库的建设，实现优质教学资源的共享，全方位满足区域高职数控技术专业教师教学、学生学习、在职培训和社会学习者自主学习的需求；带动机械设计与制造、模具设计与制造、机电一体化技术等专业领域的教学资源开发。

1. 建设目标

数控技术专业以服务广西区域经济建设为立足点，以先进装备制造业的技能型人才为培养目标，通过系统设计、先进技术支撑、开放式管理、网络运行、持续更新的方式，建成“资源丰富、技术先进、开放共享、持续发展”的数控技术专业教学资源库，提供具有示范性、系统性的课程教学整体解决方案，其中包含“一个网络平台、三级教学资源、六大应用模块”。

建设师生互动的平台，推动专业教学方法与手段的改革；成立职业院校资源共享联盟，提升我国高职同类专业人才培养质量和社会服务能力，推动数控技术专业的整体发展；促进在岗人员数控操作技能的提高和知识的更新，成立企业员工终身学习的数字化培训中心，推动学习型社会建设；形成资源库动态更新机制，推动资源库建设的可持续发展；以地区专业服务制造业及智能装备产业引领广西职业院校，整体提升数控技术专业人才培养质量。

2. 建设思路

数控技术专业教学资源库建设遵循“一体化设计、结构化课程、颗粒化资源”的建构逻辑，通过“多方联合、顶层设计、系统开发、优化平台、建章立制、持续更新”达到建设目标。

（1）整体系统顶层设计

对区内知名的数控技术企业开展调研，明晰行业发展背景与趋势、企业的技术和人才需求等，对区内高职和中职院校开展调研，了解数控专业建设的水平与人才培养的现状，以企业和学校的用户需求为导向，结合数控专业特点和信息化特征，完善数控专业人才培养方案，统筹课程开发、教学设计、教学实施、资源建设、平台设计，以及共建共享机制的构建，形成整体系统的顶层设计，构建出资源库的“一个网络平台、三级教学资源、六大应用模块”，构建起兼顾职前教育与职后教育、专业教育与教育指导、技能培养与技术更新的整体解决方案。

（2）课程建设及教学模式改革

基于数控专业人才的主要岗位方向和人才培养方案，确定12门标准化课程作为资源库建设重点，课程设计、课程标准、课程案例由校企共同开发，明确课程的定位及目标，聚焦教学内容，将源于企业的实际工作项目作为专业课程的主体教学内容，使专业课程教学内容与就业岗位实际工作紧密关联。

系统设计知识点与技能点、课程内容与工作内容的对应关系。融入思想政治教育与创新创业教育，满足网络学习和线上线下混合教学的需要。通过“理论—技能—工作”逻辑主线，建立“技术过程”与“工作过程”双驱动体系。

着眼于实施教学的可行性，引导课程教学模式改革。以教学过程中每个学生均能获得实践动手机会为目标，设计适合“做中学”模式的教学实施可行性方案。

（3）素材资源制作

基于基础资源素材，为学习者提供“观看视频、动画演示”的可视、“做练习题、技能训练”的可做、“学习成效测试”的可测、“社区讨论、交流”的可说、“拓展相关知识”的可拓等核心功能。

寻求先进技术的支撑，研制以多轴加工、车铣复合数控机床使用为代表的高技术高虚拟实训项目，构建虚拟生产环境和虚拟加工机床，运用高新技术降低实训教学成本。以“颗粒化资源”为基础，实现碎片化学习。库内资源的最小单元是独立的知识点或完整的表现素材，单体结构完整，属性标注全面，方便用户检索、学习和组课。可通过关键词索引，聚类关联资源，为用户推荐支架式学习方案；通过关键词优化，推送符合用户期望的典型学习方案。

3. 建设规划

教学资源库根据“边建边用，共建共享，持续更新”的原则，建设“普适性”与“个性化”并存的专业教学资源。基于多方需求分析，设计数控技术专业教学资源库的建设框架，即“一个网络平台、三级教学资源、六大应用模块”，如图3–2所示，实现需求目标。

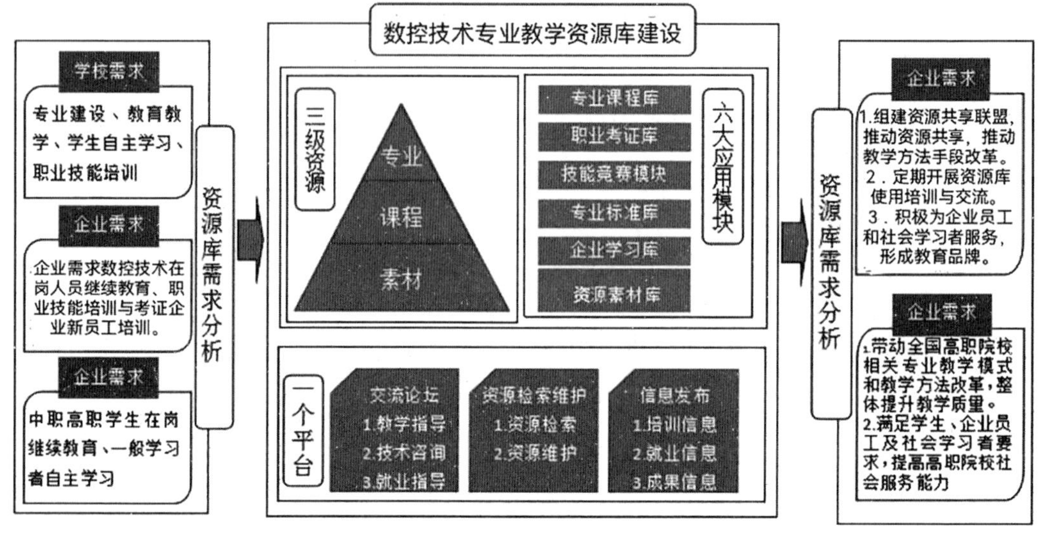

图 3–2　数控技术专业教学资源库建设框架

（1）全面制订专业教学资源库建设的指导性、纲领性文件

制订教学资源库建设技术规范与验收标准，并提供相关素材制作的模板，为规范化建设成套的专业建设资源提供指导性文件；制订专业人才培养方案，形成5门工作过程系统化的课程标准、课程实施方案以及可用于学生自主学习的各类指导性学习材料。

（2）突出技能培养、职业技能和专业技能标准对接

从职业分析入手，将教学标准与职业标准对接，对数控技术应用职业岗位进行能力分解，以技术应用能力和岗位工作技能为支撑，实施学生岗位职业素质教育，将国家职业岗位技术标准融入专业设置和教学内容。

（3）系统开发数控技术专业教学资源

“专业级”教学资源主要包括行业标准、规范、人才培养目标及规格、人才培养方案、职业能力标准、专业设置标准等内容。“课程级”教学资源主要包括课程标准、学习情境、学习单元及教学设计、教学课件、教学录像、学习手册、测试习题等内容。“素材级”教学资源主要包括文本、图片、音频、视频库、动画、虚拟仿真内容。六大应用模块分别为专业标准库、专业课程库、资源素材库、技能竞赛库、职业考证库、企业学习库。专业标准库、专业课程库主要为各高职院校提供教学服务；资源素材库、职业考证库、技能竞赛库主要帮助在校生辅助学习；职业考证库、企业学习库主要为相关技术人员的职业资格和岗位提升提供拓展资源。

（4）着力构建开放式共享型资源平台

依据用户的习惯与需求逐步修正技术平台的模块部件，实现资源最大化的利用与辐射，实现知识点的交叉访问、检索、下载、在线学习、在线操作、在线测试、自主创新、组合创新等功能。既保护资源库的知识产权，又方便为授权用户提供服务，建设集教学资源集成与共享、教学资源个性化定制、教改成果推广与利用、人才信息采集与发布等功能为一体的可持续发展的服务体系。

4. 建设内容

数控技术专业教学资源库定位于“能学、辅教”，遵循“一体化设计、结构化课程、颗粒化资源”的建构逻辑，按照“诊断改进、持续更新”的理念完成资源内容更新和运行平台建设。

（1）资源建设

资源建设主要包括专业资源、课程资源、素材中心、技能竞赛资源、职业培训资源、企业学习资源、特色资源等。

1）专业资源。

专业资源建设包含专业建设和学生就业指导建设。专业建设是指发挥联盟院校专业建设优势，通过调研制造行业企业，完成专业介绍、调研报告、人才培养方案、专业标准等内容。学生就业指导建设则是指导学生树立正确就业观，做好职业规划。

2）课程资源。

课程资源是资源库建设的核心，按照分层建设理念建成 12 门系统性标准化课程，完成 20 个典型任务模块建设。课程资源包括联盟课程标准、系统性标准化课程、典型任务模块和企业案例等。

3）素材中心。

研制与教学单元相配套的教学资源素材，主要有：

①反映每门课程技术特点、规范和要求的机械与电气相关技术标准、产品与零件工程图、模型图、工艺文件、作业规范、任务书或工单、工作手册、操作说明书等技术文本；

②企业生产用的各类机床、刀具、夹具、量具、企业产品与零件、生产场景以及校内教学条件等图片；

③企业生产过程、学生校外实习、校内实训、课程项目实施指导录像以及课程教学组织指导录像等音视频；

④各类机械机构、数控装置工作原理、工作过程、内部结构等动画；

⑤虚拟企业、虚拟场景、虚拟数控机床以及虚拟多轴加工实训项目等；

⑥企业工作项目案例、企业网站链接等；

⑦数字化教材、各类教学课件、校企合作编写的培训教材等；

⑧课程习题库、试题库及在线测试系统等。

4）技能竞赛资源。

技能竞赛资源包括校级、市级、省级、国家级各主流数控相关赛项的竞赛技术文件、样题、比赛准备、解题思路、评价标准、训练思路技巧等。

5）职业培训资源。

职业培训主要包括师资培训、职业资格认证培训、新技术培训和社会培训等，将原有碎片化的资源优化配置，梳理整合为培训资料包，完成“数控加工编程与操作”“三维软件工程师”“数控维修高级工”3门培训课程。

6）企业学习资源。

企业学习主要包括新技术、新装备、新工艺、新应用学习，学习资源包括设计开发企业相关岗位的培训课程包、企业解决方案、新技术新工艺等技术资料，企业简介、企业产品、企业文化、企业网站链接等。

（2）运行平台建设

资源库运行平台包括资源管理、教学管理、学习互动、评价分析等，能够满足多种学习理论、多种教学模式应用的个性化功能支撑与整体优化设计需求，以学习者为中心，通过线上线下、虚实融合（AR/VR）的方式，打造个性化、智能化、数字化、泛在化、即时交互的移动学习环境，将互联网+资源库融入职教日常教学全过程（职教教学4大场景为复合教材、探究课堂、直观实训、泛在学习）；通过电脑、平板、手机APP端功能设计，服务教师、学生、企业员工和社会学习者4类用户，使学习者乐学（能学）、授课者善教（辅教）、行业企业共享、社会访客充电提升（导学）。

（3）机制完善与更新

1）完善资源入库、评审、持续更新机制。

①建立三级资源入库评审机制。为提高入库资源的质量，需要对各参建单位建设的资源进行评审，建立由各院校专业带头人、专家、系统管理员组成的三级审核机制，保证入库资源的质量，确保资源易于检索、方便利用。

②建立可持续发展更新机制。按照共建共享、边建边用的原则，创建资源库更新机制，确保教学资源持续更新，满足教学需求和技术发展的需要，每年更新比例不低于10%。建立资源库使用的评价反馈机制，建立基于用户需求挖掘的资源更新机制，建立资源库运营管理机制。

2）创新基于资源库的联盟运行机制。

由广西机电职业技术学院牵头成立专业教学资源库共享联盟，建立运行机制，包括知识产权保障机制、共建共享的运行机制、动态监测机制、激励监督机制。创建的基于管理运行平台的造血机制是促进资源库建设持续运行和发展的有效保障。

3）完善资源库应用机制，促进教学改革。

制订资源库应用推广方案和资源库学分互认管理办法等应用机制，提高资源库的使用率，使资源库真正成为教学的有效支撑，为促进教学改革奠定基础。通过建立绩效考核机制，推动教学资源库的应用，形成主持单位率先使用、合作院校积极应用、合作企业推广应用的良好局面。

第三节　师资队伍建设

全面贯彻落实全国教育大会精神，根据《国家职业教育改革实施方案》，聚焦先进制造业的高端装备领域，瞄准双师能力培养，建立“技术引领、服务驱动”的校企合作长效机制，打造高水平“双师型”教师队伍建设，深化“三教”改革，服务区域先进制造业和职业教育高质量发展。

一、建设思路

通过成立职教集团，组建校企合作理事会，搭建产教融合平台，形成了学校与行业、系部与企业、专业教师与企业工程师“三层双元相向”校企合作模式（见图3-3），以技术为牵引、服务为驱动，实施基地共建、人才共育、过程共管、责任共担、成果共享的校企合作运行机制。

建立校、系、专业三级校企合作运行管理机制。校企合作理事会按照政府、行业统筹，学校主导，企业参与的模式组建，是学校校企合作的最高决策机构。校企合作理事会下设校企合作办公室，负责执行校企合作理事会的决议和决策，以及学院有关校企合作工作在全校层面的实施；系部设置校企合作理事分会，负责校企合作工作在系部层面的实施；专业设置校企合作工作组，负责校企合作教育教学具体工作在专业层面的实施。校行企共同制订校企合作管理制度，形成《校企合作管理制度汇编》，明确三方主体职责，规范协同育人行为。

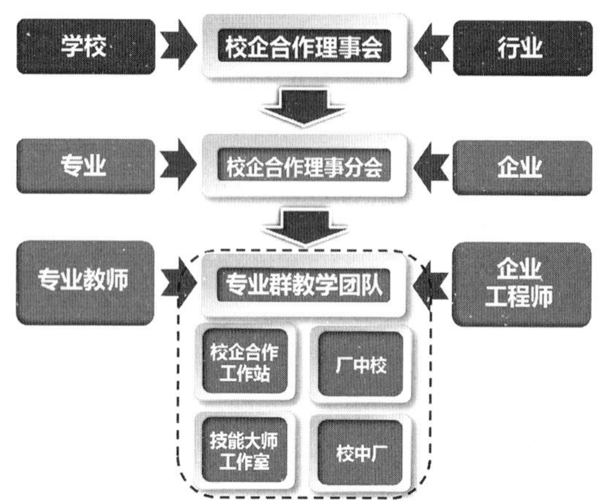

图 3-3　“三层次双元相向”校企合作模式

依托学校“三层双元相向”校企合作模式，校行企共建依托产教平台的教师培养体系，建立和实施“5 维度 20 要素 4 层级”教师发展标准，以服务产业为目标，以平台育师资，以师资强平台，以机器人焊接工艺优化、精密模具制造等项目为载体，主动服务行业企业技术进步，形成专业群“技术引领、服务驱动”的校企合作长效运行机制，实现“校行企自然合作、工学研自然结合”。

实施“产教融合、校企互通”教师发展工程，推行校企人员双向流动机制，专兼结合多专业混编组建，打造国家级创新教学团队。按“双师型”认定标准，实施教师分类实践轮训、分类分层精准培养和校外研修计划，全面推动专任教师通过实施“讲好一门课程、主持一项教改或科研课题、指导或参与一项技能竞赛、打造一项成果、对接一个企业、联系一位企业兼职教师（名匠）”的“六个一”计划，着力提升理论教学、实践教学、科学研究、专业建设、信息技术、社会服务等“六种能力”，引导教师向“双师型”发展（见图 3-4）。

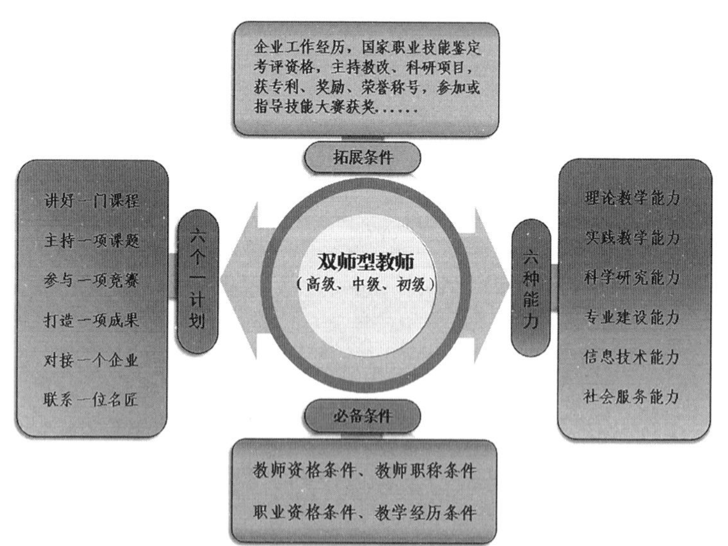

图 3-4　“双师型”教师发展模式

二、建设方案

以广西“双高”建设专业群里的数控技术、机械设计与制造、智能焊接技术等专业的师资队伍建设为核心，带动模具设计与制造、机械制造与自动化专业团队师资建设，打造一支高水平的职业教育教学创新团队。

（一）加强团队教师能力建设

（1）师德师风建设

建立师德师风建设长效机制，以“四有好老师”为目标，将师德素养融入育人全过程，将工匠精神作为师德建设的关键内涵，将师德师风培训作为素养提升的重要途径，加强团队文化提升建设，健全团队管理与运行机制，确保师德师风建设常态化、机制化。

（2）专兼结合的“双师型”团队建设

深化与企业的合作，整合校内外优质人才资源，选聘企业高级技术人员担任产业导师，组建校企合作、专兼结合的“双师型”团队，不断优化团队人员的配备结构。组织团队教师全员开展专业教学法、课程开发技术、信息技术应用培训以及专业教学标准、职业技能等级标准等专项培训，利用“信息技术 +”推动课程建设、教学方法等的改革，不断提升教师模块化教学设计实施能力、课程标准开发能力、教学评价能力、团队协作能力和信息技术应用能力；支持团队教师定期到企业实践，学习专业领域先进技术，促进关键技能改进与创新，提升教师实习实训指导能力和技术技能积累创新能力；组建精密模具设计与制造、智能焊接系统集成设计等 4 支专兼结合科技创新团队，结合区域高端装备制造专业，开展制造业自动化、信息化和智能化技术的应用研究与推广，服务产业转型升级。

（二）创新团队建设动态调整机制

基于“互联网 +”、大数据、人工智能等新技术，与企业合作，建立覆盖项目过程管理、数据采集、资源共享、绩效评价等环节的项目管理体系，采取专家评估、第三方评估等方式开展绩效评价，形成诊断改进报告和绩效评估报告，加强对项目的督查指导，实行团队建设动态调整机制。

（三）建立团队建设协作共同体

联合相关院校共建校际协作共同体，围绕团队建设、人才培养、教学改革、1+X 证书、技术服务等方面开展协同创新；与相关知名企业共建包含人员互聘、技术创新、资源开发等的校企命运共同体，共建教师发展中心、实习基地等，促进“双元”育人；由广西机电职业技术学校担任协作共同体组长单位，设立秘书处，负责年度工作计划的制订和落实，以及共同体的日常运行管理。成立由高校、企业、行业协会广泛参与的智能焊接技术职业教育教师教学创新团队，建设协作共同体专家指导委员会，凝聚高端智力资源，统筹引入的行业企业资源，支持协作共同体建设和课题研究工作，完善校企、校际协同工作机制，切实提高复合型技术技能人才培养质量。

（四）实施教学创新团队协作的模块化教学模式

1. 创新德技并修、工学结合的“五对接、五融合”育人模式

以高端装备领域智能制造技术发展需求为导向，以智能焊接制造复合型人才为培养目标，校行企协同制订并实施人才培养方案、学生发展标准，将立德树人根本任务和工匠精神培育贯穿职业能力培养全过程，通过如图 3–5 所示的“五对接、五融合”育人模式，实现人才培养供给侧和产业发展需求侧结构要素的高度契合，以学生为中心，德技并修、工学结合，构建“思政课程”与“课程思政”大格局，全面推进“三全育人”，实现思想政治教育与技术技能培养的融合统一。

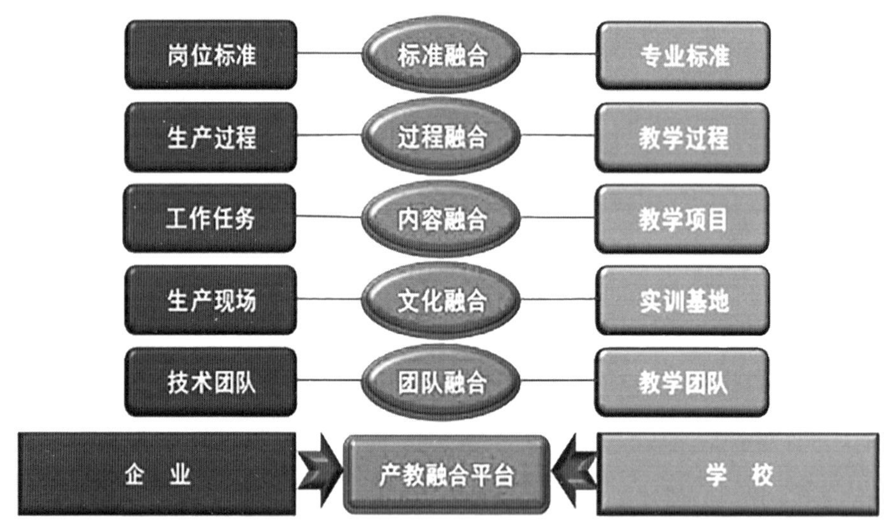

图 3–5 “五对接、五融合”育人模式图

2. 创新模块化教学模式

开展国家级团队教学改革课题研究，打破学科教学的传统模式，创新模块化教学模式，团队教师按照模块化课程进行分工协作，采取集体备课、协同教研的方式，规范教案编写，严格教学秩序，做好课程总体设计和教学组织实施，采用“行动导向”教学、

项目式教学、情景式教学、工作过程导向教学等新教法，不断提升教学质量；推动人工智能、大数据、虚拟现实等新技术在教育教学中的应用，有效开展教学过程监测、学情分析、学业水平诊断和学习资源供给，推进信息技术与教育教学的融合创新。

经过三年建设，专业技术核心课程已全部融入思政元素和“1+X 职业资格证书”标准，并完成了课程标准、教材与教学资源库建设，建成了 1 门国家级精品在线开放课程、1 门省级精品在线开放课程、1 部国家级规划教材、3 部项目化活页式教材。

第四节　教育教学方法改革

近十几年来，我国职业教育快速发展，基本具备了大规模培养高素质劳动者和技术技能人才的能力，为经济社会持续健康发展作出了重要贡献。但随着区域经济社会的发展和产业的发展，社会对职业技术技能人才的需求“质量”提高了，“规模”扩大了，传统的教学方法和教学手段已难以满足不同学生的学习需要，也难以提供多样化的成长成才空间和通道，严重影响了现代职业教育的快速健康发展。同时，在知识经济全球化和信息革命浪潮的推动下，高等教育正发生前所未有的深刻变化。高职院校的主要使命除了提供教学，还应该将理解学生需要、支持学生成才作为学校的重点。因此，“以学生为中心的教学模式”变革便成了教育教学模式变革的主要内容。

传统的教育教学模式为“传授式教学模式”，通常以“教材、教师、教室”为中心开展教学，而“以学生为中心”的教育教学模式强调尊重学生的个体差异，满足学生的需求，以促进学生的学习和发展为目的，其突出特点是以学生发展为中心、以学生学习为中心、以学习效果为中心。

“以学生学习为中心”，即把学习作为教育的中心，在学生的所有活动中，学习是中心。专业群在教育教学改革的过程中，高度重视以信息化为手段，探索通过“线上 + 线下”混合式教学方式提高学生学习的主动性和求知欲的途径。“以学习效果为中心”，即把学习效果作为判断教学和学校工作成效的主要依据，重视评价与反馈在学习中的作用，建立及时有效的反馈机制，使效果评价能有效帮助学生调整学习，帮助教师调整教学，帮助学校调整工作。专业群除了在“线上 + 线下”教学过程中利用在线问卷、面对面交流等方式掌握教学成效和师生的反馈情况外，还利用虚拟仿真技术教学与现场实践教学相结合的方式，通过构建集情境、交互、体验为一体的沉浸式深度学习环境，增强学生的学习兴趣和认知体验，提高学习获得感和学习效果。“以学生发展为中心”，即在教学过程中始终坚持以学生当前学情为基础，以促进其发展为目的，发掘学生潜力，促进其全面发展。专业群通过“项目 + 导师”个性化教学的方式，着力解决个人兴趣难满足、个人潜力难发挥等问题。

一、“线上 + 线下”混合式教学

随着教育信息化的发展，信息技术以前所未有的速度进入课堂，对教学方式产生了越来越大的影响。线上教学包含网络教学和在线教学两种模式，需要依托互联网、信息技术及终端设备。线下教学是传统的教育模式，由师生在教室面对面完成授课内容。线上教学有着传统线下教学不可比拟的优点，但也有不可忽视的缺点，这两种教学方式不能完全相互替代，有一定的互补性。如何充分实现线上线下融合教学，已成为当下热门的教学改革主题。

（一）线上教学的优点和缺点

1. 线上教学的优点

线上教学提供了一个很好的契机，促使“以教师‘教’为中心”向“以学生‘学’为中心”转变，敦促教师强化课堂设计，把学习内容制作成有利于学生自主学习的教学资源，通过学生观看教师录播视频，基于学生各种学习数据诊断推送个性化学习资源的自适应学习模式以及基于线上答题、统计、反馈的自主学习模式或师生进行同步直播教学等形式，引导学生进行探究式与个性化学习。

线上教学可提供丰富的学习资源，可随时随地为学生提供有关课堂教学内容的信息，帮助学生为上课做好准备，提高课堂学习效率。由于线上教学具有跨时空教学的灵活性，因此，采用线上教学不仅可以在同一时间、不同的地方开展在线课堂教学和讨论活动，而且可以在不同时间为不同群体的学生开展在线教学和讨论活动，还可以跨时空开展学生完成课后作业、教师批阅学生作业、教师答疑、学生课后延伸学习、就延伸学习内容师生随时开展互动交流讨论等教学活动。线上教学的这些特点对于因学员工作关系无法在传统课堂开展教学活动等特殊情况提供了很好的解决方法，实现了“不停课、不停学”。同时，在线教学通过提供数据诊断分析、个性化资源推送等功能，实现了个性化的自主学习和差异化学习，可以让不同学习能力、不同学习兴趣的学生自主选择相应的学习内容与资源，拓展学生的知识面。

2. 线上教学的缺点

线上教学的效果在很大程度上取决于学生学习的主动性和自我管理能力。由于教师不可能在线上很好地了解每一位学生上课过程中的学习状态，难以督促每一位学生全程保持较高的学习热情，对学生的学习状态以及学习效果也难以及时掌控，自我控制能力差的学生很容易在没有老师监督的情况下对学习有所松懈，而且，对于学习主动性较差的学生，课后线上师生交流讨论难以顺利进行。此外，客观条件也会影响线上教学效果。如学生上课时网络不流畅、网络上课环境比较差，出现时断时续的情况；不少学生只有手机，家里没有无线网络，线上学习每天需要消耗大量的手机流量，增加了学习成本；手机操作难度大，实验、实操练习等很难在手机上完成，提交网上作业和测试也不太方便；手机屏幕比较小，长时间使用手机学习，学生容易疲倦。这些都会导致线上教学效果不好。

（二）线下教学的优点和缺点

1. 线下教学的优点

传统集中课堂授课的方式恰好能弥补线上教学的不足。集中、面对面的教学环境，可以提供共同学习的良好氛围，能更好地利用学习能力强的学生来鼓励学习能力弱的学生积极参加课堂讨论；教师可以及时指导学生当场讨论和思考相关问题，并及时解答学习者在学习中面临的问题。线上无法开展的实践教学活动也可以在传统的现场教学过程中完成。

2. 线下教学的缺点

当遇到特殊情况，学生无法返校上课时，线下教学由于无法实现跨空间教学，不可能在同一时间完成对身处不同地方的学生的集中教学活动，从而导致学生的学习进度受到影响。此外，当需要就某一个问题或某些问题开展讨论交流时，如果采取线下方式，则无法实现师生随时随地开展讨论和交流。

（三）“线上＋线下”混合式教学

混合式教学是将线上、线下两种教学模式结合起来，通过互联网将 MOOC、SPOC、微课等教学方式应用到线上平台教学中，同时将“互联网＋”技术应用到线下教学中。在“互联网＋”背景下推动混合式教学模式，有利于优化传统教学方法，对于丰富课堂教学资源、提高课堂教学质量、提升学生学习主体地位、推动个性化教学有着重要的现实意义。

“线上 + 线下”混合式教学并非线上、线下的简单相加，而是使传统面授与互联网线上教学相融合，线下支持线上、线上赋能线下，二者优势互补，倍数级放大教与学的效果。“线上 + 线下”混合式教学重心在于“学”而不是“教”，学生不再是被动的知识接受者，而是积极的学习者；老师也不再是简单的知识传授者，而是引导、调动、组织学生自主、自律学习的人，是真正的传道授业解惑者。

首先，以“学”为重心意味着教学观念和教学行为必须发生转变。传统课堂特别强调教师的主导地位，普遍存在重“教”轻“学”的倾向，教学设计中以教定学，教学过程中教师“灌输”知识，学生被动接受。而“线上 + 线下”混合式教学强调以学生为中心的“自助式学习”或自主学习，在制度和教学设计上能确保学生享有较多的时间、空间和意志自由，教师因材施教，师生互动互变，使“教”服务于“学”，服从于“学”。同时，由于信息技术和互联网的加持，教师和学生可以更充分高效和便捷地进行合作学习和探究性学习。即使学生不在校、不在课堂，也可以涉猎丰富的线上资源，促使学生真正地去学习，让学生确实学到知识和方法，提高学习能力和思维品质。

其次，“学习为重”意味着教师的角色定位必须发生转变。“线上 + 线下”混合式教学方式，使“人机共教”成为一种教学常态，教师角色将会发生巨大改变。知识性教学大多由线上课程承担，教师则承担更有意义的工作，包括学习任务的设计、督促、激励、答疑解惑以及与学生的情感交流等。线上教学侧重于“教书”，而教师更侧重于“育人”。教师不再是知识的灌输者，而是学生学习的引导者，也是帮助学生学习的助手和朋友。

“线上 + 线下”混合式教学模式的核心是课堂教学的变革，可以采取“课前线上准备 + 课中线上 / 线下教学 + 课后线上师生交流和线下学生深入实际探寻问题”的模式实施教学活动。具体实施过程如下：

1. 课前准备

课前准备关系着线上线下融合教学的教学质量，其主要包括以下三部分内容：①对教学目标进行全面分析，确保教学内容与专业能力指标相对应。遵循微课的基本特点，以碎片化的形式，对教学内容的知识点、重难点进行针对性的、直观的呈现和展示。使学生对知识有更加确切和针对性的把握，确保学生在观看视频的过程中能够有侧重、有倾向，切实调动学生的学习兴趣。微课视频内容呈现应当精彩有吸引力，善于结合图片等，确保微课内容设计精妙。微课总体时长要控制在 10 分钟到 20 分钟。②将理论型、基础型的知识以视频、题库、笔记等多种形式于线上学习平台开放，供学生自主学习。

③教师通过分析基于学习平台监控数据及课前测试情况的学情诊断报告，掌握班级整体学情及学生个体预习准备情况，进一步明确教学重点，从而有针对性地设计教学活动，发挥学生主体学习作用，提升教学成效。

2. 课堂教学实施

充分的课前准备为课堂教学的实施奠定了良好的基础，明确教学目标更有利于实现“靶向教学”，教学过程中要充分体现学生学习的主体地位，教学活动设计显得尤为重要。

课前导入环节，教师可以提取课前自学内容的重点部分，以分享展示的形式再次重温，或以提问的形式对线上教学的内容进行大致的回顾和运用，对于学生普遍存在的疑惑可以进行讨论和探究。之后，针对课前或课中向学生发送的案例研究，向学生提出一些思考问题，指导学生开展深入学习和研究，扩大学生知识掌握的广度和深度，拓宽学生的视野。

课程结束后，教师结合学生学习的实际情况和学习能力设置课后作业，课后作业既可以在线上完成，也可以以线下的形式提交。

3. 课后评估与反馈

课堂教学结束后，教师组织评估教学效果。评估和反馈可通过在线问卷的形式进行，也可以通过面对面的交流和离线讨论形式进行。作为在线和离线学习的重要组成部分，评估结果在某种程度上反映了混合式教学的实际效果。教师应根据评估反馈的内容进行及时、科学的调整，这样有助于更加清晰地认知自身的优点和不足，通过调整，为下一次教学作好充分的准备。学生根据教师的点评，及时做出相应修改，充分认识到自身存在的缺陷，及时弥补，有助于养成良好的学习态度和学习习惯。

在“线上＋线下”混合式教学过程中，学生学习的特点决定了老师应该遵循“线下”教学为主、“线上”教学为辅的教学思路，这就要求教师在“线下”课堂中更加重视学生对知识点的理解和应用，并注重学生在学习过程中归纳、总结、实践和自主学习能力的培养。同时，随着知识和技术的快速更新，也应及时更新线上学习资源，努力为学生提供高质量、科学的教学服务，有效满足学生个性发展和全面素质教育的要求。只有把线下教学方式的优势和线上教学的优势结合起来，才能既充分发挥教师引导、启发、监控教学过程的主导作用，又充分体现学生作为学习过程主体的主动性。

二、“虚拟 + 现实”沉浸式教学

传统的数控实验室已经不能满足普通本、专科教学与工程实践的要求。但随着《国家职业教育改革实施方案》和“卓越工程师教育培养计划”的发布和实施，以及《职业技能提升行动方案（2019 — 2021 年）》及工业 4.0 概念、智能制造战略的提出，实验室的建设必须基于更加先进和完备的技术平台，保持学生所学知识的实用性和先进性。因此，须在传统数控实验室的基础上，增加具有实际工程背景、创新性好、灵活性强的虚拟仿真实验室。

虚拟技术是在信息化基础上，使用计算机技术模拟真实的环境，虚拟出空间感、方位感，并模拟出环境中的声音、触感等，让使用者产生处于真实环境中的感觉。大量研究数据显示，人类获取的信息 85% 来自视觉，10% 来自听觉，其余 5% 来自嗅觉、触觉和味觉，可见，我们获取的知识内容大部分来源于视觉和听觉的感知。虚拟教学就是利用视觉优势及触感体验，对教学效果的影响是显而易见的。

（一）丰富学校数字教育资源

利用虚拟现实技术可丰富教学内容，将技能训练搬到课堂中进行。由于这些虚拟的训练系统无任何危险，学生可以反复练习，直至掌握操作技能。应用虚拟现实技术还可恰如其分地演示一些复杂的、抽象的、不宜直接观察的自然过程和现象，全方位、多角度地展示教学内容。利用计算机多媒体技术制作各种仿真课件，创设所需要的某种虚拟情景，让学生进行模拟操作，能极大地丰富课堂的教学内容。

（二）提高学校教育质量

虚拟现实技术与教育的结合，将会提高未来课堂的教学效率。虚拟现实和增强现实作为教育工具应用于课堂上，通过 3D 模型使抽象的学习内容变得形象化、微观的学习内容变得可视化、复杂的学习内容变得简单化，帮助学生理解和识记抽象的概念，为学生展现一个能够交流互动的虚拟世界，这既能满足学生的体验感和好奇心，又能以创新的方式传授知识，大大提升了教师的教学效果，激发了学生的学习兴趣，培育了学生的创新意识和创新思维，从而不仅提高了学生的学习效率，而且培养了学生自主探究和自主学习的能力。虚拟现实和增强现实技术是多种先进技术的应用和多学科知识的汇聚与融合，是教育的较佳载体，学生能通过主动探索、动手实践、创新设计、跨界融合来学习新知识和掌握新技能，拓展发散性思维。虚拟现实和增强现实技术在教学中的应用是一种教学模式的创新，有助于推动教学改革的进程和培养学生的核心素质。

（三）打造创新教育模式

对于学校而言，引入虚拟现实技术，建设 VR 科学教室可以解决现实教学场景中教学无实感、教学效果差、传统教具更新慢、传统教具成本高等诸多问题。

对于教师而言，虚拟现实和增强现实技术可以让教学内容变得形象生动，也可以让学生在课堂中及时、没有限制地观察三维空间内的事物。同时，通过硬件与软件的配合，还能有效减少教师在备课和课堂秩序管理中所花费的精力。

对于学生而言，全新的课堂教学模式激发了学生的学习兴趣，提升了学习效率，保证了学习效果。通过计算机虚拟出仿佛置身于实景的更加直接、形象化的多重感官刺激，让学生通过虚拟环境中设置的交互场景，体会“真实环境”，使以往晦涩、难以理解的知识点以活泼生动的形式表达出来，从而使学生更深入地理解事物的本质。有些着重培养学生实际动手操作能力的课程，受传统教学课程模式中实地操作、时间因素等的影响，并不能使学生完全理解整个流程的全部细节，虚拟现实技术可以完成现实生活中无法完成的实验，或者模拟出真实环境中的危险，极大地拓展了学生的思维，从而提高了学生学习的兴趣。

另外，虚拟教学强调人的主体地位，以往的教学模式以教师为课堂的主导，学生在大多数时间是被动接受知识的角色，这种“填鸭”式的教学方法极大地抹杀了学生的主动性与创造性，而虚拟现实教学善于营造主动探索的学习氛围，是一种颠覆以往传统教学模式的新模式，运用其优点可以使课堂教学变为引导启发式教学，实现教育者与被教育者的完美契合，在教学过程中启发学生的思维，培养其主动思考问题的能力，激发其主动学习的积极性，使学生主动全身心投入到教学的全过程，引导学生自主思考和探索，培养学生的合作能力和解决问题的能力。

（四）节约教育成本

利用虚拟现实技术虚拟各种设备、实验环境和操作过程，使大多数课程可以在虚拟实验室中进行，大多数技能也可以在虚拟实验室中进行训练，从而不必购置昂贵的设备，在节约大量昂贵的仪器设备费用的前提下，解决了教学中因为设备、场地、教学经费等而无法进行教学实验的问题，虚拟训练也可避免实验设备的损坏、训练材料的消耗等问题，从而有效节约了教育成本。

综上所述，虚拟仿真技术进入课堂尽管有很多优点，但也只能作为实境教学的有益补充，处于辅助教学的地位。如果完全用仿真实验来进行教学，会弱化学生对仪器设备的真实感受，不利于学生对基本实验操作技能的学习和掌握。因此，“虚拟 + 现实”沉浸式教学是目前促进高端制造类技术技能人才培养质量提升的有效方式。

三、“项目 + 导师”个性化教学

随着社会对高素质技术技能人才要求的不断提高，高职院校学生规模也随之扩大，如何提高人才培养质量，使人才培养模式与学生个性化发展、智能制造企业对技术技能人才培养的要求相匹配，成为当前教学改革致力解决的核心问题。

“导师 + 项目”个性化教学由导师制和项目制融合而成，着力解决创新能力“难”提升、创新人才“难”培养的问题，主要以学习型项目、技术服务项目和科研项目为依托。学生在第 1 学期至第 4 学期实施学习型项目，在第 5 学期至第 6 学期实施技术服务项目，同时学校遴选技术较好的学生实施科研项目，涵盖项目分析、项目设计、项目实施、项目验收等环节，使学生逐渐从技术新手发展到技术熟手，再到技术能手。“项目制”为创新型人才培养提供了引擎和载体，解决了创新能力培养“说教多、实战少”，能力培养不深入，创新能力难提升的问题。“导师制”是学校以项目为载体，按学习型项目、技术服务项目和科研项目的特点，分别实施“导学”“导做”和“导研”活动。项目实施过程中，导师指导学生参与创新实践活动，训练学生发现问题、思考问题和解决问题的科学素养，培养学生的创新意识、创新思维和创新能力，使学生从技术新手到技术熟手，再到创新型工程技术人才，逐渐蜕变。

第五节　实践教学基地建设

一、打造 GF 智能制造工厂和技术应用中心

通过建设拥有先进真实的智能化生产性加工方案的智能制造车间，全面满足服务“中国制造 2025”的智能制造综合技术技能的实训要求，并借助与瑞士 GF 集团中国区乔治费歇尔精密机床有限公司共建的 GF 智能制造技术应用中心的技术支持，形成拥有先进制造技术和先进管理模式、面向东盟进行技术与教育的合作交流、服务广西产业转型升

级的集人才培养、技术开发与技术服务于一体的智能化机械制造平台，实现企业高度灵活的个性化和数字化的产品与服务的生产模式，让学生在真实的生产环境中运用智能化柔性自动化系统，参与现代先进企业的生产流程。按照适应“中国制造 2025”企业岗位群的要求，提升学生智能制造技术水平，不但能真正实现跨学科、跨专业的创新型复合型智能制造人才的培养，满足智能制造的时代要求，而且能用于精密小批量、多品种、多工序零件的柔性生产、教学科研，为智能化和定制化加工柔性生产、教学科研打下基础，为广西企业提供技术支持，促使广西企业技术创新，满足广西高端装备制造等战略性新兴产业及柳州、北部湾经济区先进制造业等基地的需求。下面介绍具体建设方案。

（一）完善建设智能制造车间

按照环境真实化、人员职业化、管理企业化的要求，依照现代先进制造企业生产型车间的模式，在学院校企合作理事会的指导下，与乔治费歇尔精密机床有限公司合作，引进五轴加工中心、智能化柔性自动化系统、机外激光对刀仪等一批高端智能设备，组成智能化柔性制造生产线，与行业企业主流技术同步，并引进五轴加工仿真软件、虚拟智能化柔性生产线仿真软件与五轴数控系统编程站，营造网络智能制造虚拟教学环境，形成“真实车间环境＋网络虚拟环境”相结合的智能制造车间。智能制造车间可实现工件自动识别与装夹、生产数据采集、工况分析、制造决策等功能。

（二）校企共建 GF 智能制造技术应用中心

校内 GF 智能制造工厂还与乔治费歇尔精密机床有限公司共建了 GF 智能制造技术应用中心，中心建设分为四个阶段：

1. 学习与借鉴

GF 智能制造技术应用中心与乔治费歇尔精密机床有限公司紧密合作，师资与技术力量互通有无。利用 GF 智能制造工厂的现有资源，公司免费派工程技术员到学校做技术指导，免费为工厂教师与技术人员提供技术培训。同时，工厂教师与技术人员也可免费到公司培训基地进行技术培训，通过参与公司的国内外智能制造技术培训、课题研究、精密零件加工及企业技术服务项目等，全面提高工厂的技术力量，加强工厂服务能力建设。

2. 支持与吸收

乔治费歇尔精密机床有限公司在为工厂提供技术支持的同时，还免费为工厂提供国外先进的工装夹具，引入多套先进的瑞典 3R 夹具与刀具系统，全面提升工厂的工装夹具技术含量，满足工厂高端加工制造与学生技能训练的需要。同时，工厂还引进了企业先进管理模式和管理理念，强化工厂内涵建设，创新和完善工厂管理机制。在满足创新型制造类技术技能人才培养需求的同时，促进学生良好职业素质的养成。学院在专业教学指导委员会的指导下，与乔治费歇尔精密机床有限公司合作开发“智能化机械柔性制造生产线”特色课程，采用企业真实生产案例，融入先进加工工艺，完成项目化校本教材编写。此外，GF 智能制造工厂将承担乔治费歇尔精密机床有限公司中国西南片区客户的售后服务及培训任务，为其提供智能制造、智能柔性生产线应用等培训，以及相关技术服务。

3. 服务与创新

助力广西企业转型升级，以项目为纽带，工厂积极参与企业技术创新与研发，面向高新技术企业、大型企业开展精密加工技术合作，面向中小企业大力开展智能制造技术研发、技术攻关与成果转换。工厂与广西玉柴机器集团在柴油发动机的智能精密生产、与桂林航天电气有限公司在航天电器零部件及工模具的设计与精密制造等方面进行合作，并对高端智能化设备的切削参数与性能、加工工艺方案优化等进行研究与技术推广，帮助中小企业实现技术升级改造，为区域的技术创新、技术开发提供技术服务和技术支持，促进广西区域经济的发展。

4. 对外合作交流

工厂与瑞士 GF 集团进行对外合作交流，通过与瑞士 ROLEX 公司、美国 BIOMET 集团、德国 MTU 公司开展技术交流与合作，学习、了解国外知名企业在钟表、医疗器械、工模具等行业的先进制造工艺与生产流程，提高产品制造中的智能制造技术应用水平，进一步提升工厂自身的服务能力，为下一步与国外企业的技术合作奠定坚实的基础。

GF 智能制造工厂面向东盟，充分加强与东盟国家企业、学校在智能制造技术与职业教育方面的交流与合作。通过定期举办文化交流活动、技术技能培训及技能竞赛活动等方式，探索跨国教育培训新模式。

（三）预期效果

1. 人才培养

GF 智能制造工厂具备对学生进行先进加工工艺、智能制造技术应用等新能力培养的硬件要求，能满足机电类技术技能人才培养的需求。预计每年有 1500 名左右的学生在工厂学习与实践，工厂建设受益面非常广。GF 智能制造工厂在为学院制造类相关专业学生的职业技能实训提供重要平台的同时，也为教师自身实践能力的提升提供了有力的保障，起到了教学的辐射与示范作用。

此外，GF智能制造工厂能积极支援地方职业教育的建设，带动当地多所对口帮扶院校机械制造类专业的发展，拓展对口帮扶的广度和深度。预计每年接受100名受援学校的教师到工厂学习，重点针对智能制造技术、先进加工工艺等方面提供指导和帮助。同时，与对口支援院校联合培养学生，预计每年接纳200名受援院校的学生来工厂进行智能制造综合技术技能培训，进一步提升当地智能制造技术技能水平。

2. 技术创新

GF智能制造工厂将承担起满足“中国制造2025”需要的应用性技术的研发和成果转化功能。与乔治费歇尔精密机床有限公司共建的GF智能制造技术应用中心，进一步提升了GF智能制造工厂的先进制造工艺水平、智能制造技术应用能力等。

GF智能制造工厂建设完成后，与瑞士GF集团进行合作交流，学习、了解了国外知名企业在钟表、医疗器械、工模具等行业的智能制造技术应用，提升了工厂自身的服务能力，为进一步与国外企业的技术合作奠定了坚实的基础。此外，还在航空航天、齿轮、刀具、模具及通用机械等行业的难加工材料、复杂零件、复杂型面智能化精密加工、工艺优化方面与企业合作开展了科研、技术支持、技术服务、技术转移、技术咨询等活动。

3. 社会服务

GF智能制造工厂充分发挥区位优势，不断扩大国际交流与合作范围。与越南等东盟国家的企业开展技术服务、技术培训等项目，将专业的技术优势和社会服务辐射至东盟地区，并进一步拓展了与东盟国家学校教育培训项目的合作。通过与越南玻璃与建筑陶瓷总公司、新加坡南洋理工学院等开展先进制造工艺、高端智能化设备应用及智能化柔性制造生产线维护等项目的技术合作，体验现代企业定制化和数字化产品与服务的生产模式，促使企业技术更新，提升企业经济效益，帮助东盟学校进一步提高制造类专业人才培养质量，每年为东盟企业、学校培训50人次以上。

广西机电职业技术学院依托GF智能制造工厂的先进设备与科技创新能力，积极为广西机电类企业搭建技术交流、培训和服务平台，开展产学研合作，加速企业智能制造等高新技术成果向生产力的转化，实现企业自主创新，服务广西地方经济发展。每年可为企业开展技术服务或技术讲座5次以上，为企业培训400人次以上，使学院与行业企业深度融合，成为职业教育产教融合的高等职业院校典范。

二、建设先进装备制造虚拟仿真实训基地

数控技术专业群基于“技术支撑、树立标杆”“育训结合、产业接轨”“开放共享、线上教学”“完善机制、内生循环”四大基础建设思路，推进虚拟仿真实训基地建设。

（一）建设思路

为贯彻落实全国教育大会精神，深化产教融合，全面提升技术技能人才培养质量，要坚持新发展理念，把深化产教融合改革作为提高学院办学质量的战略性任务，结合《教育信息化十年发展规划（2011—2020年）》和《高等职业教育创新发展行动计划（2015—2018年）》，依托本校在机电行业的深厚积淀和数控技术专业群发展研究基地建设项目，建设特色鲜明的信息化、智能化、共享化虚拟仿真实训基地，积极推动落实“三教”改革，助推“双高”建设，培养支撑先进制造业转型升级的新型职业人才，为区域经济社会发展作出贡献。

1. 传统制造业与智能制造融合，聚焦产业新需求

以智能制造为代表的先进制造技术是装备制造业的发展方向，从产品设计、制造到生产智能控制需要全面实现管控信息化、作业自动化、决策智能化，是装备制造业转型升级的主要途径。围绕“产品研发→加工生产→质量控制→售后服务”全链条，集中机电类、信息类专业优势，专业交叉融合，建立符合先进制造工艺要求、智能制造特色鲜明的实训体系，培养产业升级急需的复合型、创新型技术技能人才。

2. 虚实结合，解决传统人才培养痛点

先进装备制造业的高端设备精密，单台设备价值高，且智能制造环境搭建和运维成本高，高职院校培养的学生多，需要投入的设备数量大，学校单方难以承受巨额办学成本；对于未接触过高端装备的新人，合作企业也难以兼顾其日常生产和校企合作育人的重任。围绕特殊工艺“看不见”、智能生产“进不去”、安全环境“难实现”等传统教学难题，基于专业课程和实训的需要，开发与之匹配的“虚实结合”的实训项目，“以实带虚、以虚助实”，避免“为虚而虚”所建的虚拟项目孤岛。

3. 校行企共建共享，发挥辐射效应

支撑中高职衔接，与合作紧密的中职院校实现实验实训教学共享，满足“3+2”人才联合培养要求；与省内外高职院校共建共享，集各方优势，提升建设质量，扩展辐

射范围；联合广西机械工程学会和部分行业领军企业，依托“智能制造产业学院”产教融合平台，将合作科研、技术改造转化为实训项目，承担企业培训项目，向区域经济圈装备制造企业辐射。

4. 技术先进可靠，确保基地建设持续创新

综合应用多媒体、大数据、三维建模、人工智能、人机交互、传感器、VR、AR、云计算等网络化、数字化、智能化技术，基于真实场景、工作过程开发实训项目，提高项目的吸引力、沉浸感、交互性、便捷性。仿真平台强化二次开发功能，支持合作企业、院校异地开发，平台共享；支持新技术、新工艺、新应用的持续转化和功能扩展，为产教融合提供技术支撑，实现以教促产、以产养教的持续创新。

（二）建设目标

抓住全球新一轮制造业变革和我国实施“中国制造 2025”发展战略的机遇，以国际智能制造先进水平为标杆，贯彻落实创新驱动发展战略，以智能制造为重要抓手，整合不同专业、不同创新主体的优势资源，建设“先进装备制造虚拟仿真实训基地”，实现资源共享、协同创新，为推动产业转型升级和工业化信息化深度融合培养高技术技能人才，同时实施产教融合，积极开展技术服务，促进智能制造产业链整合、配套分工和价值提升，成为服务区域经济发展的重要引擎和支撑产业转型升级的重要载体。

1. 构建“点面结合、一横一纵”虚拟仿真实训体系

根据产品设计研发、加工制造工艺、质量控制及售后服务等环节，开发单元式实训项目；以广西柳工集团有限公司智能焊接生产线、瑞士 GF 集团工业级模具电极智能生产线为模本，构建 3D 现场和生产线实训项目；以厦门捷昕精密科技股份有限公司数字化工厂为原型，建立智能控制、数据采集、工业物联网、智能管控实训项目，形成单元—产线—数字工厂贯通、从平面到立体的虚拟仿真实训体系，覆盖设计—生产—检测—售后全链条，突出“工业 4.0”和智能制造技术，搭建与典型智能制造设备一致的虚拟仿真实训场景，让学生在虚拟的智能制造环境中进行实训，解决高投入、高难度、高风险，难实施、难观摩、难再现的“三高三难”问题。

2. 建立“产教融合、开放共享”虚拟仿真实训平台

以学校生产性实训基地——精密制造技术中心、“广西机器人焊接工程研究中心”等为依托，融合引入 AR/VR/MR 等虚拟仿真技术，与行业龙头企业共建企业级职业教育虚拟仿真实训教学管理和共享智慧实训 VR 云平台，使虚拟平台与实体平台互补互促，解决学校实训教学面临的应用管理难、开放共享难、创新难、可持续可扩展性弱、资源利用率低下等问题，支撑专业人才培养工作和区域性资源共享与人才培训工作的顺利开展。实现教学时间、空间、行业全覆盖，即本校学生、企业员工、同类院校学生都可在任何时间段、任何地点通过此平台进行学习。

3. 建设“特色鲜明、虚实结合”虚拟仿真教学资源

基于学校机电专业的优势地位，整合机械、电气、信息技术相关专业课程，综合运用实景化三维虚拟仿真技术、互联网人机交互等现代化前沿信息技术，开发优质的虚拟仿真实训资源，搭建高度逼真的全新实训教学环境，为师生带来全新的沉浸式教学体验。其包括：① VR 孪生虚拟仿真实训教学资源。按照真实环境真学真做掌握真本领的要求，开发设计各类实训实习项目的 VR 孪生虚拟仿真实训教学资源。依托虚拟现实、多媒体、人机交互、数据库和网络通信等技术，开发一批先进的智能工厂虚拟仿真实训系统，提供沉浸式实训实习。以半实物仿真、全虚拟仿真形式，替代高危或极端环境、不可及或不可逆，以及高成本、高消耗的操作，解决“看不见、进不去、动不了、难再现”的实训教学难题。②专业基础课程系统化虚拟仿真教学资源。除实训教学外，为解决专业基础课程有些知识点过于抽象、难以理解的问题，开发配套 VR 资源。

4. 打造“专兼结合、融合创新”虚拟仿真教学团队

依托先进制造业虚拟仿真实训基地建设，提升教学团队虚拟现实和人工智能等新一代信息技术的应用水平，将信息技术和装备制造业相关专业的实训设施深度融合，全面落实“三教”改革，为教师提供崭新的教学手段和教学方式，激发教师的积极性和创造性，打造高水平结构化虚拟仿真新型教学团队。以丰富的虚拟仿真类教育教学资源和创新的教学模式，赋能教育教学改革，为培养具有创新精神、创业意识的时代工匠服务，为区域发展新经济、孕育新动能服务。

5. 建设“从鱼到渔、由教到创”自主研发体系

突出机电特色，聚焦先进装备制造业的产业需求，契合未来制造业的发展趋势，深化校企合作，以数控技术、智能焊接技术、电气自动化技术等国家或省级品牌专业及所属专业群为依托，通过“引企入校”、校企共建“校中厂”模式建设虚拟仿真实训基地。针对教学资源的个性化开发与持续更新的需要，组建研发团队，利用与企业共同开发的虚拟仿真开发引擎、数字孪生仿真软件，形成虚拟实训项目，提升集定制化、特色化、创新性于一体的自主研发能力，与专业建设、课程建设、基地建设同步；拓展校企合作

模式和途径，满足研发、建模、验证、数字孪生等项目需求，推动传统制造企业转型升级，建立符合企业岗前培训、在职培训、能力提升培训等多元化人才提升需求的培训体系。

6. 建立“持续改进、创新服务”示范基地管理机制

建设先进装备制造业虚拟仿真实训基地的管理运行机制、绩效考核、实训基地维护与可持续发展及共享等各种制度，以体制机制改革和制度创新为着力点，以打造技术技能人才培养高地和技术技能创新服务平台为主要抓手，提高治理能力和治理水平，深化内部管理体制改革，形成具有机电特色的区域先进装备制造业虚拟仿真实训基地的治理体系，深化产教融合、“三教改革”，创新人才培养模式，促进现代职业教育专业教学改革，保证基地的开放共享和持续良性发展。

（三）建设任务

基于学校的虚拟仿真基础，以及对不同专业虚拟仿真教学资源的升级需求，建设虚拟仿真实训基地。基地通过虚拟仿真教学硬件设备和软件资源的搭建，充分融合虚拟现实技术、人机交互技术、动态环境建模技术、实时三维图形生成技术、体感显示和传感器技术、应用系统开发工具、系统集成技术等新一代信息化技术，实现展示、体验、教学、实训、研发、共享的一体化，利用虚拟现实场景的交互性、多感知性和可操作性等优势，提供沉浸式的教学场景，提高学生的动手操作能力和教师的研发创新能力，逐步攻破专业提升难点，通过专业的特色建设提高学校的核心竞争力。

聚焦机电产品“设计—制造—售后”的工业生产服务链，重视学生的思政教育及创新创业教育，以现有产教融合实训基地为基础，拓展先进装备制造学习工厂实训功能，新建虚拟仿真公共实训平台、创新创业孵化培育中心，形成以机电产品生产服务为特色，服务于校内多个核心专业的虚拟仿真实训基地。

1. “双平台”建设框架

双平台，即负责日常课堂教学与实践教学的基础教学平台和负责课堂监管与开放共享的虚拟仿真云平台。

基础教学平台以新技术（AR、VR、AI等）为手段，以“教—学—做—创—用”为核心理念，通过“实践教学—仿真实训—新技术赋能专业（群）建设”的方式，打造智慧智能的教学实训空间，创新立体化教学，进行沉浸式、分组式、交互式实训，以提升教学实训效果，实现跨硬件、跨区域、跨教室、跨专业、跨课程的虚拟实训教学。平台教学环境硬件建设包括负责日常教学的通用式虚拟仿真实训室、负责资源开发与学生创

新创业活动的大型虚拟仿真实训室，以及融入实训场地的分布式虚拟仿真实训室。

虚拟仿真云平台可以通过多种应用终端，如手机、电脑、平板等联网进行使用。平台可以通过资源中心实现实训资源的共建共享，避免重复建设，突出资源库“能学、辅教”的功能定位；根据需要开发基于职场环境与工作过程的虚拟仿真实训资源和个性化自主学习系统，建立健全共建共享平台的标准和机制，进一步扩大优质资源的覆盖面，强化优质资源在教育教学实训中的实际应用。

2. “三维度、五模块”建设框架

基地采用“三维度、五模块”的建设框架，即按照学生思政教育、创新创业教育、工业生产链全过程专业教育三个维度和思政教育、设计、制造、售后、创新创业教育五个模块进行建设，如表 3–1 所示。

表 3–1　三维度、五模块建设框架

维度	思政教育	工业生产链			创新创业教育
模块名称	思政教育	设计	制造	售后	创新创业教育
所含建设内容简述	建设校史馆，反映高校发展历程，传播校园文化，展示办学成就，彰显办学特色，同时作为培养学生爱国、爱校、强国、强校精神的教育基地和对外宣传推广高校形象的窗口	从工业生产链出发，建设设计类课程虚拟仿真实训课程体系，如机械设计、模具设计、产线设计等	按工业发展进程整合“普通教学工厂”，把时代特征融入工厂情境，形成工业文化熏陶的氛围，融入数字化设计与虚拟仿真技术	建设电机设备电气故障诊断训与数控机床安装与维护两门课程的虚拟仿真源，展示售后环节内容	创新创业教育属于虚拟仿真实训中心的长效运营模块，通过基地促进各个学院创新创业活动的开展
对应虚拟仿真环境建设内容	虚拟仿真教学区、专业虚拟仿真体验区				创新协同中心
对应虚拟仿真教学资源建设内容	专业课系统化虚拟仿真教学资源、VR 孪生虚拟仿真实训教学资源				

（四）建设内容

1. 虚拟仿真云平台——实训中心共享云平台建设

建设一个满足手机、电脑、平板等多种应用终端使用要求的 VR 教学云平台，支持单机的虚拟仿真软件资源的在线使用，尤其支持普通单机版 VR 软件的在线使用，相比网页版虚拟仿真资源，单机版 VR 资源云共享的方式更稳定、更安全。虚拟仿真云平台需要具备如下特点与功能：

以“科学规划、共享资源、突出重点、提高效益、持续发展”的 20 字方针为指导，搭建集教学、管理与培训于一体，能够在线共享、校企共享及区域共享的大数据智慧实训 VR 云平台。虚拟仿真云平台采用访问浏览器的方式，不需要下载安装任何插件，学生通过电脑、平板、手机、VR 黑板、智慧教室等均可随时上网使用该平台，从而完成教学课件（PPT）、碎片化 VR 教学知识点、仿真实验软件、教学视频、典型实景资料等教学资源的学习与考核，该平台能保证满足大规模学生的学习需求。

在学校专属网站上，“VR+ 智慧云课堂”的在线教学服务包含 VR+ 课堂教学、VR+ 实训教学，支持教师在线直播教学、仿真实验演示授课及学生自主在线学习，学生可以使用虚拟仿真实验软件，完成相应实验项目的操作及考核。此外，平台还具备教学监管功能。

2. 虚拟仿真实训应用场景建设

采用全虚拟仿真、半实物仿真形式，通过建设沉浸式体验教学、多软件仿真实训、单点虚实结合实训和虚实结合先进制造技术综合实训的多层级实训室，打造一个集教学、展示体验和研究应用于一体的综合型虚拟仿真实训基地。该基地主要设置虚拟仿真教学区、专业虚拟仿真体验区和协同创新中心三大区域。

（1）虚拟仿真教学区

虚拟仿真教学区主要用于大课堂集中授课及互动展示。围绕“VR+ 教学”模式，从课堂教学、实验实训教学、学生自学三个方面进行设计，主要配置 3D 全息投影系统、AR/VR 设备、液晶显示屏、电脑、桌椅等设施，使课程虚拟仿真教学资源（视频、动画、三维虚拟仿真等）以极强的包容感、真实感、沉浸感展示在学生面前，提高学生的学习积极性和学习兴趣。课程类 VR 教学资源还可以以知识点碎片化的形式存在，教师使用 PPT 授课时可以直接链接相应的 VR 资源，调出三维模型，进行旋转、缩放、拆装等互动教学演示，并利用虚拟仿真技术开展实验教学，解决部分实验实训项目设备因不便拆卸导致内部看不见、工作原理搞不清的难题。

（2）专业虚拟仿真体验区

除了建设专门的虚拟仿真教学区负责日常教学外，由于部分实训课程的虚拟仿真实训教学必须配合实训设备实物进行，在虚拟仿真体验区还配置了计算机、虚拟设备和其他附属设备，通过软件 + 硬件装备打造“虚实结合”的虚拟仿真实训场景，让学生自由探索并完成在虚拟世界中的实践体验和协作学习。

（3）协同创新中心

基于跨平台 3D 虚拟仿真软件开发工具，以行业企业的真实案例为切入口，引入“互联网 +”和“5G”新技术，建成以虚拟现实（VR）开发平台和数字孪生技术专业场景开发平台为主体的虚拟仿真协同创新中心，使教学场景向可视化、立体化、可交互和可定制方向发展，发挥基地对区域重点产业新技术应用的示范、引领作用。协同创新中心将企业现有的新技术、新工艺、新标准持续转化为虚拟仿真的实训资源，同时针对企业难点利用虚拟仿真技术提供解决方案，为各类大中小制造企业的转型升级提供培训、技术和咨询服务，推动制造业转型升级。协同创新中心主要包含办公场地、硬件支持、先进开发工具等，可完成虚拟仿真教学资源的开发、测试、优化、升级等。

3. 虚拟仿真教学资源建设

面向高端装备制造业人才培训需求，立足本校教学实际情况，按照真实环境真学真做掌握真本领的要求，依托虚拟现实、多媒体、人机交互、数据库和网络通信等技术，开发基于先进制造技术项目的 VR 孪生虚拟仿真实训教学资源，使学生可以随时随地通过手机、电脑等设备进行学习，解决“看不见、难理解、进不去、动不了”的教学难题。开发内容包括：

（1）思政模块教学资源

坚持立德树人，激励学生走技能成才、技能报国之路，争做高技能人才和大国工匠，提升思想政治教育的针对性和实效性。具体建设清单如表 3–2 所示。

表 3–2 思政模块教学资源建设清单

序号	涉及专业	建设项目内容
1	智能制造专业群所有相关专业	校史重要事件 VR 呈现，主要为校园发展历史 VR 场景漫游，以及学校各项大事件 VR 呈现。展示学校办学特色，以及学校自办学以来的发展历程和重大成果
2		机电工匠故事 VR 呈现，主要为机电工匠与优秀学生作品的 VR 呈现，展示执着专注、精益求精、一丝不苟、追求卓越的工匠精神

（2）设计模块教学资源

机械设计技术是机械行业的根本，从我国目前的机械设计技术的整体发展来看，其应用范围已经非常广泛。机械设计技术水平的高低与机械产品的质量、性能、经济效益等有着直接的关系。随着时代的发展，我国的机械制造产业也有了质的飞跃，机械设计技术无论是在静态设计、直觉设计还是经验设计等方面，都有了很大的发展。

设计模块主要是要建设一个功能齐全的产品三维设计虚拟仿真系统。利用计算机虚拟仿真技术，根据产品三维设计的要点和岗位技能的需求进行梳理细化，在虚拟化环境中搭建与真实生产一致的虚拟仿真场景，仿真系统从产品设计及建模、曲面建模、装配仿真、零件加工、公差测量等角度出发，搭建与之匹配的系列基础仿真环境，能有效提高教学效率与教学效果，化抽象内容为具象，让学生掌握机械设计的基础技术，然后设置综合设备类虚拟仿真环境，让学生独立完成设备的设计及装配、仿真，在虚拟环境中开展与真实生产技能需求相关的实训。建设清单如表 3–3 所示。

表 3–3　设计模块教学资源建设清单

序号	课程名称	建设项目内容	依托虚拟仿真系统
1	机械设计基础	机械设计基础为纯理论课，为解决课程中出现的较为抽象的机械结构与运动等难以理解的问题，开发机构运动方案创新设计虚拟仿真实训教学系统和创意组合式轴系结构设计虚拟仿真实训教学资源	产品三维设计
2	机械制造技术	通过虚拟仿真技术，开发钣金件综合加工虚拟仿真实训教学系统、轴类零件综合加工虚拟仿真实训教学系统等，增强教学效果	计虚拟仿真系统
3	注塑模具设计	包含注塑模具设计的虚拟仿真教学系统，可在虚拟环境下对注塑模具进行设计	
4	模具设计综合实训	包含模具设计综合实训的虚拟仿真实训教学资源，并配套 VR 实训指导书	
5	数控加工工艺	包含数控车削刀具及切削用量的合理选择、数控铣削刀具及切削用量的合理选择等内容	
6	工装夹具设计	包含专用夹具、组合夹具、多功能柔性夹具的虚拟仿真实训教学资源，并配套 VR 实训指导书	

（3）制造模块教学资源

按工业发展进程整合“普通教学工厂”，把时代发展特征融入工厂情境，形成工业文化氛围。“普通教学工厂”的“工业 1.0”实训实操板块在钳工教学车间、机械装配教学车间、电气安装教学车间、测绘技术室；“工业 2.0”实训实操板块在普通生产教学车间、电工维修技能鉴定室、材料性能技术室、液压气动技术室、机械原理技术室等；“工业 3.0”实训实操板块在数控生产教学车间、机电联调教学车间、精密冲压自动化教学车间、精密注塑自动化教学车间、精密制造教学车间、精密测量技术室、增材制造技术室、数控编程技术室、精密制造技术室、自动机与自动线技术室等。“工业 4.0”数字化双胞胎技术制造板块，硬件上配置了三轴加工中心、五轴加工中心、车铣复合加工中心、工业机器人、机器视觉、激光加工仪器、超声波清洗仪器、智能立体仓储、工业看板及智能测量仪器等；软件上融入了数字化设计与虚拟仿真系统等，生产线通过与软件系统结合，充分展示了产品全生命周期的各个环节，包括研发系统工程、产品设计与性能分析、零件设计与性能分析、工艺规划、机器人编程、生产线虚拟调试、物流配送、生产管理、质量管控等。

1）工业 1.0 虚拟仿真资源建设。

工业 1.0 的教学内容主要包括钳工、机械装配、测绘技术、电气安装等课程，课程内容较为简单，实训设备便宜，可以做到每个学生一个工位进行实训操作。但是工业 1.0 的课程多以手工操作为主，对操作者的操作规范性有很高的要求，教师在课堂演示后，学生不一定能记住所有细节，需要借助虚拟仿真教学资源进行补充。工业 1.0 的虚拟仿真资源涵盖的课程如表 3-4 所示。

表 3-4　工业 1.0 的虚拟仿真资源涵盖的课程

序号	课程
1	金工实习（上）
2	互换性与测量技术

2）工业 2.0 虚拟仿真资源建设。

工业 2.0 的教学内容主要包括普车、普铣、液压气动等课程。

教学内容与工业 1.0 类似，也是以手工操作为主，对操作规范性有很高的要求，但工业 2.0 课程中的操作对象多为电力驱动的机器，如普通车床、普通铣床、电火花机等，具有一定的危险性，容易出现事故。因此，工业 2.0 课程的虚拟仿真教学资源除了关键步骤的虚拟仿真展示外，还需加入沉浸感更强的关于安全教育的虚拟仿真教学演示，强调安全生产，提升学生的安全意识。工业 2.0 的虚拟仿真资源涵盖的课程如表 3-5 所示。

表 3–5　工业 2.0 的虚拟仿真资源涵盖的课程

序号	课程
1	特种加工技术
2	液压气动技术
3	金工实习（下）

3）工业 3.0 虚拟仿真资源建设。

工业 3.0 的教学内容包括数控机床、数控编程、精密检测、精密制造、自动机与自动线等课程，是目前装备制造大类专业的教学主干，也是学生学习的重点与难点。由于工业 4.0 是在工业 3.0 的基础上应用信息技术演变而来的，因此在建设工业 3.0 的相关虚拟仿真教学资源时，除了传统教学内容，还应融入部分信息技术，做到工业 3.0 与工业 4.0 课程的平滑过渡。

工业 3.0 虚拟仿真教学资源主要是建立一个功能齐全的数控加工虚拟仿真实训系统。该系统由数控加工虚拟仿真硬件套装组成。它包括数控加工虚拟仿真—数控虚拟调试硬件平台、数控加工虚拟仿真—虚拟调试信号转换系统、数控加工虚拟仿真教学资源、数控加工虚拟仿真—实验室教学展示包，整体功能如下：

将数控加工虚拟仿真—虚拟调试硬件平台与数控加工虚拟仿真—虚拟调试信号转换系统通过工业网线相连接，配合电脑中的机电一体化概念设计软件，可以实现数控加工虚拟仿真、虚拟调试过程。在此过程中配合使用智能工业级数控编程与仿真软件，可以通过离线编程与仿真的方式，提前验证用于测试数控加工虚拟仿真、虚拟调试系统的参数及数控程序。

数控加工虚拟仿真性能分析与程序管理平台可以通过数字化的方式展示数控加工虚拟仿真虚实结合设备性能及使用率与采集特性，同时实现系统程序的管理。工业 3.0 的数控加工虚拟仿真实训系统涵盖的课程如表 3–6 所示。

表 3–6　工业 3.0 的数控加工虚拟仿真实训系统涵盖的课程

序号	课程
1	数控机床操作与编程
2	数控多轴加工
3	精密检测技术
4	机器人焊接工艺

4）工业 4.0 虚拟仿真资源建设。

工业 4.0 的教学内容主要包括生产加工单元、机器人单元、装配单元、物流仓储单元以及工业互联网云数据处理模块等课程，其主要是建设一个功能齐全的智能工厂虚拟仿真实训系统，以涵盖相关课程。

智能工厂虚拟仿真实训系统利用数字化双胞胎技术、全集成自动化技术、信息化技术开发出了与典型智能制造产线一致的数字化双胞胎虚拟实训场景，通过该虚拟仿真实训系统，学生可以完成产线虚拟调试、SCADA 系统虚拟调试、MES 生产管理等。

智能工厂虚拟仿真实训系统将单一数据源贯穿于设计、规划、工程、生产直到服务的整个生命周期，实现了从研发到模拟生产的端到端的水平集成；虚拟柔性生产满足了制造的个性化需求，从设计到研发的整体集成实现了端到端的快速交付、设计流程的协同化和制造流程的自动化。

智能工厂虚拟仿真实训系统从生产端接收设计端的设计文件开始，历经订单下达、原物料出库、材料检测、数控加工、激光打标、装配组装、检测包装、包装打包等工艺环节，最后自动搬运入库。该系统的主要功能：一是帮助学员理解工业 4.0 的基础内涵，包括组成、交互界面、标准、网络通信等；二是帮助学员适应、优化并创新生产模式，包括算法、控制系统、生产过程以及 HM 界面等；三是帮助学员在真实的生产环境中运用相关设备；四是让学员亲身体验生产过程。工业 4.0 的智能工厂虚拟仿真实训系统涵盖的课程如表 3–7 所示。

表 3–7　工业 4.0 的智能工厂虚拟仿真实训系统涵盖的课程

序号	课程
1	智能生产线设计与仿真
2	工业互联网基础系统搭建
3	工业互联网应用系统调试
4	工业互联网应用故障诊断与排查

根据以上板块的划分，结合专业情况与课程情况，按照虚实互补的原则，选择课程并建设虚拟仿真实训资源。

（4）售后模块教学资源

售后模块主要是建设一个功能齐全的故障诊断与维修虚拟仿真系统。该系统包括各种典型电气故障与机床故障的诊断与维修的虚拟仿真教学资源（见表 3–8）。如变压器的常见故障与维护、电动机的常见故障与维护、输配电线路的常见故障与排除、断电器的常见故障与维护、隔离开关的常见故障与维护、负荷开关的常见故障与维护等。

表 3-8　售后模块教学资源建设清单

序号	涉及专业	课程名称	建设内容	依托虚拟仿真系统
1	装备制造大类专业	机电设备电气故障诊断实训	包含结合企业实际案例的机电设备电气故障诊断虚拟仿真实训教学系统，并配套实训指导书	故障与维修诊断虚拟仿真系统
2	装备制造大类专业	数控机床拆装与维护	包含数控机床拆装与维护的虚拟仿真教学系统	

4. 虚拟仿真实训教学团队建设

为满足先进制造业虚拟仿真教育教学和技术服务的需要，打造了一支由信息化技术专家、专业技术教师、企业专家组成的信息化与专业化协同的高水平教学团队。通过引进拥有先进教学理念的信息化及智能制造教育专家，帮助专业教师更加快速地形成信息化教学意识，指导教师结合专业特点建立自身的信息化教学模式以及相应的教学规范，以保证信息化教学的顺利实施；企业专家根据企业实际需求和教学效果来反馈评价教学过程，指导教学改进工作，为信息化教学的完善提供意见和建议。

通过国内外学习培训、企业锻炼、加强科技活动、高职教育研讨、信息化培训等措施，拓宽教师团队的视野，提升教师的信息化教学能力，并将全新的虚拟仿真教育教学理念和教学方法创造性地运用到实际工作中，推进教育教学的信息化改革。组织团队教师参加国内外虚拟仿真应用培训、信息化教学研讨、先进制造技术培训等，引入激励机制，对在教师培训中表现突出的教师给予奖励，以激发教师参与信息化培训的热情。依托协同创新中心，围绕产业和企业对高新技术资源研发与转化的需要，开展项目研究和进行资源开发，与政府、行业、企业合作，共同申报和实施国家、省、市级科研课题，在实际研究与开发中提升能力。通过高水平教学团队的建设，促进具有信息化、模块化、数字化特色的新形态教材的开发，依托虚拟仿真实训平台，提升教育教学水平，推进教育教学的信息化改革。

第六节 专业教学诊改

以学校"十四五"事业发展规划为依据，建立以"五纵五横一平台"为基本框架的内部质量保证体系，健全"全员、全过程、全方位"的质量管理机制，完善"质量计划、质量控制和质量螺旋上升"管理流程，形成常态化、网络化、全覆盖、具有较强预警功能和激励作用的内部质量保证体系，实现人才培养全过程质量管理的自我约束、自我诊断、自主改进，持续提升内部管理水平和人才培养质量。

一、构建组织体系

明确二级学院—专业—课程团队的工作职责，二级学院负责组织各自的专业（课程）质量保证及诊改工作，统筹专业建设方案、专业教学标准、课程标准，保证专业建设和教学运行的质量。专业团队负责专业质量的自我诊改工作，编制专业建设方案、专业教学标准，统筹课程标准编制；进行市场需求调研、学生思想文化素质分析、学业情况分析、能力测评情况分析，参考毕业生跟踪调研数据及用人单位满意度数据，开展自我诊改，撰写专业诊改工作报告。课程团队负责课程质量的自我诊改工作，编制课程建设方案、课程标准，依据课堂教学实时诊断数据开展自我诊改。

二、构建目标体系

（一）建立目标链

二级学院依据学校"十四五"事业发展规划及职能部门分解的任务目标，结合本二级学院发展实际，制订各自的发展规划和各专业（课程）的发展规划。教职员工依据所在部门的发展目标，结合个人自身条件和工作基础，制订职业发展规划，明确个人发展目标，并由所属部门进行指导。学生根据所在专业的发展目标，结合个人实际情况，制订个人学业规划，明确个人发展目标，由学校下派到各班的联系干部、辅导员共同进行指导。

（二）完善专业建设目标链

根据学校“十四五”事业发展规划，运用 SWOT 分析方法，确定学校的专业建设目标。各专业根据市场及相关行业、企业调研、毕业生跟踪调查访谈等，制订专业建设规划，落实学校发展目标，形成专业建设目标链。

（三）完善课程建设目标链

各课程团队及课程负责人根据专业课程体系及学校“十四五”课程建设发展规划，科学设置专业课程，制订课程及资源包建设规划，明确各课程教学团队建设目标、教材教辅建设目标及课程资源建设目标等，构建形成课程目标链。

（四）完善教师发展目标链

明确学校层面和各专业师资队伍的建设目标，在学校“十四五”师资队伍建设子规划的基础上，党委组织部编制完善教学部门师资规划，各专业编制本专业师资队伍建设规划，教师编制个人发展规划，明确年度师资建设和发展目标，形成从学院到个人的目标链。

（五）完善学生成长目标链

以立德树人、健全学生全面发展机制为目标。根据学校“十四五”教育事业发展规划及学生全面发展子规划，二级学院应结合专业特点和学生实际情况，从思想品德、行为规范、身心素质、专业技能、个人发展等方面出发，构建学生成长目标。

三、构建标准体系

（一）建立专业层面的质量标准

基于学校办学定位中明确的培养高素质技术技能人才的专业质量目标，由教务处制订学校层面的专业设置标准、一般专业建设标准、骨干专业建设标准、专业教学标准编制、专业质量诊断标准等，并将其作为校内专业建设的最低标准，各二级学院根据这些标准，并结合其规划目标，组织编制各专业教学标准，形成专业标准链。

（二）建立课程层面的质量标准

由教务处制订学院层面的课程建设质量标准［含专业课程建设质量标准、专业基础课课程建设质量标准、核心课程建设质量标准、专业选修课课程建设质量标准、公共课课程建设质量标准、公共选修课课建设质量标准、微课建设质量标准、在线课程建设质量标准、教学资源库建设质量标准、教材资源库建设质量标准、生产（顶岗）实习质量标准、毕业设计（论文）质量标准等］、教学管理质量标准［含教师教学质量标准、教学主要环节质量标准、任课教师教学资料质量标准］。二级学院主要完成各门课程标准的编制。

（三）建立教师层面的质量标准

以学校“十四五”师资队伍建设行动计划为依据，以学校教学名师标准、专兼职教师聘用标准、双师型教师认定标准、专业带头人（负责人）标准、骨干教师标准为基础，制订不同层级的教师发展标准，将教师职业生涯规划、职称分类晋升标准、人才选拔激励机制与教师发展标准融为一体，激励教师不断自我改进提升。

（四）建立学生层面的质量标准

以“立德树人”为根本，综合考虑学生的学习生涯、职业生涯、个人发展等要素，从思想品德、行为规范、身心素质、专业技能、个人发展等方面制订和完善学生的发展标准（包括思想品德素质标准、知识文化素质标准、身心健康素质标准、实践能力素质标准等）。通过学生发展诊断自测，学生及时进行自我调整与改进；指导教师实时监测学生发展状态，及时发现问题、剖析成因，从而指导学生健康、全面发展。

四、实施诊改运行

（一）专业层面

专业层面的质量改进流程见图 3-6。

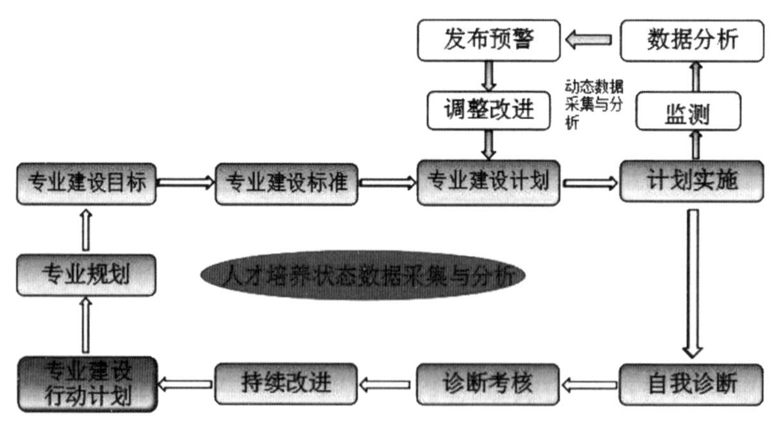

图 3-6　专业层面质量改进流程示意图

1. 计划

结合岗位能力要求、毕业生就业、用人企业满意度等要点开展现场专业调研，并结合校本人才培养工作状态数据采集与管理平台、专业建设管理平台、第三方评价数据、毕业生跟踪调查数据、职能部门统计数据等五大类人才培养数据分析，制定专业发展诊改计划。

2. 实施

根据实际办学条件、办学能力及学校发展规划，在对专业诊改数据进行全面分析的基础上，找出影响专业发展的主要问题及其产生的原因，形成有针对性的诊断改进方案并落实；适时、科学地对专业结构进行调整。各专业根据实际情况制订专业诊改工作计划后，明确各环节的责任主体，按照计划逐步实施。

依托数据平台，实时采集专业建设过程数据。在学院诊改数据平台的基础上，借助校本人才培养工作状态数据采集与管理平台、专业建设管理平台、第三方评价数据、毕业生跟踪调查数据、职能部门统计数据等，通过实时采集和静态采集两种模式采集专业建设数据，通过数据清洗交换对关键状态进行数据梳理和归类，形成动态状态数据库。

借力大数据分析，建立常态化预警机制。依托现有质量监控体系，利用学校诊改数据平台对专业人才培养过程进行实时监控，围绕课程体系、专业招生、专业就业、专业建设进度、实验实训条件、人才培养质量等内容构建专业预警体系，通过对专业建设大数据的实时采集分析进行专业预警，形成常态化的预警机制。

3. 诊断

专业团队按照专业建设方案确定专业建设目标链及标准链，明确年度建设目标、任务、措施、预期效果，层层落实分解，实施年度自我诊改。

专业带头人（负责人）组织专业自诊，深入分析专业生源、师资队伍、实践教学条件、建设成果、教学资源建设等基本情况，以相关质控点为依据，分类统计过程数据，监控专业建设全过程，进行自诊，查找专业建设中存在的具体问题。

实施三年一轮的专业考核性诊断。运用信息管理平台，实时采集专业建设状态数据，在对数据统计、分析的基础上，监测专业建设目标任务的完成情况，按照三年一轮行企、政府、用人单位专家、学生与家长代表参与的专业考核性诊断流程，及时反馈和改进，并将专业诊断的结果与专业动态调整挂钩。

二级学院组织专业团队面向多元利益相关主体，进行市场需求调研、就业市场分析、毕业生跟踪调研分析、用人单位满意度调查分析，修正人才培养目标。

4. 改进

针对预警机制中反馈的专业预警问题，结合专业建设实际，由教务处负责统筹监督，相关二级学院负责落实，责任到人，对存在的问题进行实时改进，并将改进的措施及成效报教务处备案。

（二）课程层面

课程层面的质量改进流程见图 3–7。

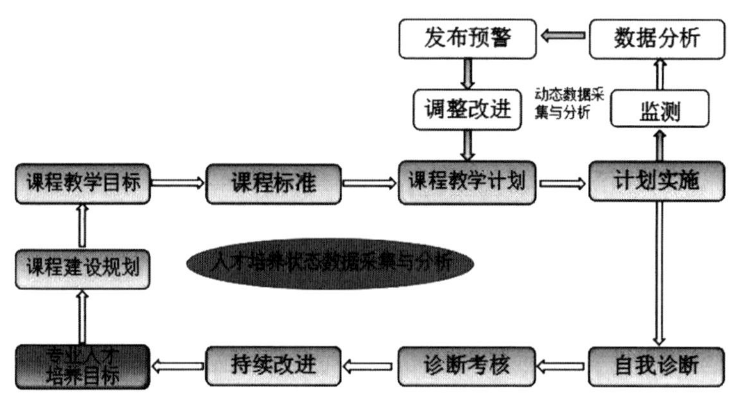

图 3–7 课程层面质量改进流程示意图

1. 计划

根据学校专业课程建设规划，结合课程建设现状，围绕课程内容建设、课程标准建设、教材建设、数字化教学资源建设和在线教学开展、师资队伍建设、教学环境建设、教学方法改革、考试改革和建设、实践教学建设及教学科研建设等，制订各专业（群）的课程建设诊改计划。

2. 实施

在对课程诊改数据进行全面分析的基础上，找出影响课堂教学质量的主要问题，剖析其产生的原因，形成有针对性的诊断改进方案并落实。各课程根据实际情况制订课程诊改工作计划后，明确各环节的责任主体，按照计划逐步实施。

依托数据平台，采集课程诊改过程数据。在学校诊改数据平台的基础上，借助校园一卡通系统、智慧教室、课堂教学分析软件等，实时采集课程教学数据，通过数据清洗交换对关键的状态进行数据梳理和归类，形成动态数据库。

利用平台对课堂教学过程进行实时监控，通过科学规划课程预警参数指标，合理设置预警阈值，围绕学情分析、课堂到勤情况、课程成绩、教学资源配置等，通过对课堂教学大数据的实时采集分析，进行常态化的课程预警。

3. 诊断

课程团队依据课程建设方案，落实课程年度建设任务，明确年度建设目标、任务、措施、预期效果，实施月度自我诊改。

课程负责人组织课程自诊，深入分析诊改课程的课程标准、教学内容、教学方式、教学团队、教学效果、实训条件、生源情况、考核方式、教学评价、建设成果、教学资源建设等基本情况，通过拆解课程诊改质控点，监控课程教学建设全过程，分析课堂教学过程中存在的具体问题，完成过程自诊。

课程团队在学期末依据学生学习状态分析、教师教学状态分析、学习达标率、课程教学测评等结果，编制课程教学质量分析报告，作为学生课程学习标准修正的依据。二级学院基于对课程教学年度数据的综合分析，适时进行课程教学考核性诊断；教师针对课程教学考核性诊断中发现的问题，联系自身实际进行改进，改进效果与课程考核挂钩。

4. 改进

针对预警机制中反馈的课程预警问题，结合课程教学组织实施实际情况，由学校质量管理处与相关教学部门负责统筹监督，相关任课教师负责落实，对存在的问题实时改进，并将改进的措施及成效报质量管理处备案。

（三）教师层面

教师层面的质量改进流程见图 3–8。

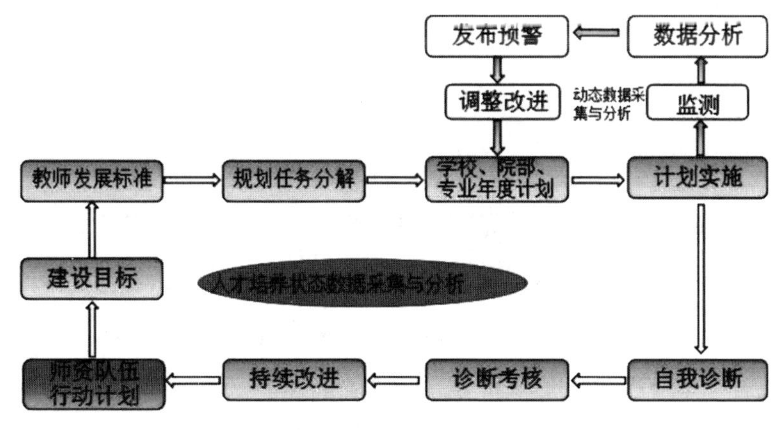

图 3–8 教师层面质量改进流程示意图

1. 计划

各专业根据实际情况制订诊改专业师资队伍诊改工作计划。通过国内外培训、学术交流、职称晋升、学历学位进修、职业资格考证、企业实践、企业挂职、社会服务、专业开发、课程设计、技能竞赛、主持教研科研活动、开展技术咨询、开展应用技术研究及企业顶岗实践交流等途径，提高教师的教育教学能力、工程实践能力和技术服务能力，为专业建设、课程建设等提供强有力的人才保障。

2. 实施

党委组织部统筹学院整体师资队伍建设工作，负责人才引进、教师职称评聘、培训学习、实践锻炼、“双师”素质教师认定与管理、各类优秀评选等工作。教务处负责专业带头人、骨干教师遴选工作，以及教学名师、先进教育工作者（教学系统）评选工作。各二级学院负责本部门各诊改专业师资队伍建设工作计划的落实工作。

以教师个人为主体，依托智能校园数据中心平台，通过对教师个人数据的实时共享，教师能随时发现自身存在的问题。通过信息平台对教师层面的数据进行实时采集与分析，及时发现各环节的问题与偏差，保证目标实现过程中出现的问题能及时被发现，为管理部门提供决策参考，为预警提供反馈内容。

依托诊改信息平台，将预警分为教师个人预警和教师层面预警。教师个人预警是将数据实时共享给教师个人，教师可设定个人预警，将个人的监测数据以短信、微信等形式自动反馈至教师个人，使教师随时了解实际情况与个人规划的偏差，以便后续做出相应调整和改进。同时，借助信息平台及数据库平台，对实时监测到的问题数据或不达标数据进行分析，以数据分析报告的形式反馈给各部门，并结合相关数据提出合理化建议，使各部门更加准确深入地了解问题所在，以便做出更为合理的决策与调整，为实时改进提供依据。

3. 诊断

以师资质量保证体系标准为衡量依据，以师资质量保证体系目标为参照，结合环境发展与师资队伍现状，检查管理与保障制度是否完善，机制是否合理，培训学习安排是否合理，教育教学质量是否有所提高，并检查各项实施内容的落实情况及实施过程中存在的问题和漏洞，以及目标达成度等。借助数据平台对实施环节中的过程数据进行分析挖掘，对过程中存在的问题、漏洞进行及时准确的预警反馈。教师依据发展标准，制订三年一轮的发展规划，并开展自我诊改，教学部门定期对教师实施考核，指导和帮助教师实现发展目标。学校层面以教师发展标准为依据，系统设计激励提升机制，建立信息化的教师成长档案，实时记录教师的个人成长轨迹。

4. 改进

针对实施过程中存在的问题和漏洞及目标达成度较低的工作，分析原有的模式与方法，找准问题原因所在，重新梳理工作内容与流程，重新构建工作模式与保证体系，对问题所涉及的相关制度、工作模式、业务流程、环境条件等，进行全方位改革与创新。借助数据平台对实施环节中的预警反馈，按照制订的全方位改革与创新的思路与内容，对问题涉及的相关制度进行修订、完善，对方法模式进行优化、改革，对师资质量建设规划进行修改、调整，全面推进诊断后的改进工作，生成师资质量保证体系循环中更高层次的新目标，开展更高层次的新循环，使教育教学质量在新的循环中得到更大程度的提高。

5. 动态调整

教师个人依据发现的问题进行自我改进；部门针对监测发现的教师队伍整体的问题进行判断分析，结合预警反馈提出的合理化建议进行比对，并做出决策。对设计、组织、实施三个环节的问题与偏差进行实时纠正与调整，对调整的内容、环节、流程等进行整理归纳，并实时调整或重新设计，以保证教学部门、专业各层级师资队伍目标的实现，最终实现学校教师发展总体目标。

（四）学生层面

学生层面的质量改进流程见图 3–9。

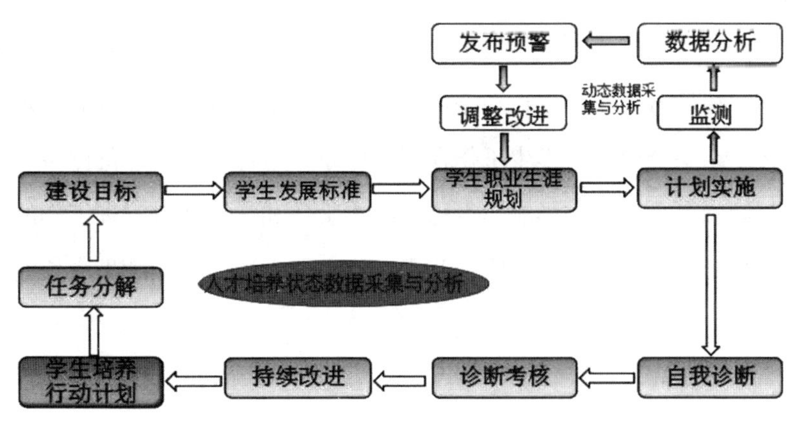

图 3–9 学生层面质量改进流程示意图

1. 计划

根据学校“十四五”学生全面发展子规划、上级相关文件要求，学生工作部分解制订年度学生层面思想政治教育工作计划、学生日常教育管理工作目标和工作要求。二级学院结合本部门学生工作实际情况，制订工作计划，细化工作任务。

2. 实施

按照学生全面发展工作路径，由党委学生工作部抓好全校学生层面思想政治工作和日常教育管理工作的统筹安排、组织协调和检查落实等工作。二级学院抓好本部门学生思想政治工作和日常教育管理工作的任务细化、组织实施、检查改进等工作。保证学生全面发展工作规划、工作计划落细落实。

依托智能校园数据中心平台和日常核查工作，对日检查、周检查、月检查、期中检查等工作中发现的问题或出现的不达标数据，进行统计对比分析，形成动态预警报表，及时反馈给学生工作部、二级学院、相关部门，为学生层面工作的实时改进提供依据。

3. 诊断

根据学生综合素质标准，依托数据平台，结合企业人才需求调研和学生学习、生活环境的满意度测评，对学生工作进行分析、诊断，查找制约学生全面发展的主要问题，分析问题产生的原因，形成学生全面发展诊断与改进的报告。

按照人才培养水平提升行动计划和学生发展标准，开展考核性诊断。运用校本数据平台，实时采集学生状态数据，在对数据统计、分析的基础上，监测学生质量状态，分析学生学业情况，并及时反馈与改进。

4. 改进

针对预警环节反馈的数据，学生个人、学生工作部、教学部门和其他相关部门及时制订改进措施，在日常工作中进行动态调整，保证学生诊改工作任务的有效推进、全面落实。根据诊断结果全面分析学生工作在制度体系、运行体系、评价体系、保障体系等方面存在的问题和不足，找出影响学生思想政治工作和学生教育管理工作的主要问题，剖析问题产生的原因，创新工作思路，改进工作方式方法，服务学生成长成才，推动学生全面发展。

第四章 数控技术专业群建设与发展的经验总结和成效

自2018年以来，依托“广西职业教育数控技术专业及专业群发展研究基地（桂教职成〔2018〕37号）”项目研究，聚焦数控技术专业及专业群的特点，有针对性地对专业改革与发展中遇到的重点、难点及问题进行研究，通过专业群建设、人才培养模式改革、课程体系构建、创新创业能力培养等方面的实践探索，明晰产教协同育人的路径，创新适应产业需求的技术技能人才培养模式，使广西机电职业技术学院的数控技术专业及专业群成为专业群改革和发展的示范，引领着广西职业教育教学的改革与发展。现对数控技术专业及专业群建设与发展的研究过程和具体成效进行总结，希望为职业院校制造类专业群的建设提供可借鉴的经验。

第一节 专业群建设与发展概况

以数控技术专业为龙头，与模具设计与制造、机械设计与制造、计算机辅助设计与制造、机电设备维修与管理、焊接技术与自动化等6个专业组成数控技术专业群（即智能制造专业群），开展建设。在“校企深度融合推进‘双元’育人”的人才培养思路指导下，充分利用本校作为区域先进制造业人才培养的“摇篮”这一深厚历史积淀的优势，与国内外优秀企业开展深度合作，在人才培养模式、课程体系与教学内容改革、师资队伍建设、实训基地建设、社会服务能力建设等方面均取得了显著成效。

实施分层分类的多元化人才培养模式：通过现代学徒制、“订单式”培养等多种校企合作形式，将企业需求、行业标准与职业资格标准融入人才培养全过程，突出学生专业基础应用能力、职业岗位实践能力的培养；通过在校内技术中心进行生产性实训，在校企共建的智能制造技术平台开展“导师制+项目化”活动，基于中小微企业需求的项目，努力营造以学生为中心、以问题为中心、以活动为中心的创新能力培养环境，实现教学过程项目化、能力培养层次化、企业参与全程化、工程实践岗位化的“四化融合”模式，进行协同育人。

开展课程体系与教学内容改革：对接国际国内职业岗位标准，整合专业群核心专业课程，建立起“平台课程共享、专业模块并行、拓展课程互选”的专业群课程体系，将“宽基础、强技能、重过程、严考核”的要求贯穿课程体系建设始终，实现基本素质教育与专业能力培养的相互渗透、课堂教学实施与项目训练实践的相互支撑；完成了5门工学结合的专业核心课程开发，编写了5本特色教材（讲义），建成省级精品在线开放课程1门、校级精品在线开放课程1门，同时建设省级专业资源库1个，专业内涵建设取得长足进步。

推进师资队伍建设：实施“双师”素质继续教育工程和“双师”结构师资队伍建设工程，通过国内外进修培训、企业挂职、岗位轮转等途径，提高专任教师的专业能力及教育教学水平，以跨专业、跨校企的形式，以校行企共建的校内外实践基地为平台，通过开展项目化课程开发、职业技能培训、项目研发和技术推广，实现“基地育师资、师资强基地”的良性交互，着力打造一支由“大师、名师、技师”“三师”引领的高素质专兼职师资队伍。三年共培养专业带头人6名、骨干教师6名，依托地方合作企业建立了兼职教师资源库，聘请了6名企业技术专家担任兼职专业带头人，长期聘请生产一线企业的兼职教师30名，建立了一支以专业带头人为核心，结构优化、技术精湛、专兼结合的高水平教学团队。

优化实训基地建设：坚持校企共建双赢原则，开展生产性实训基地建设，通过学院自建为主的方式，新建、扩建精密检测技术、数控维修等实验实训室4个；通过“校中厂、厂中校”等方式，建成“广西机电—厦门捷昕精密制造技术中心”等校企共享的生产性实训车间3个。经过三年的建设，实训基地共新增精密检测技术、CAD/CAM等实训工位250余个，专业实践教学条件得到进一步改善，目前，本专业实训基地已被确定为首批教育部—瑞士 GF 智能制造创新实践基地培育建设单位，并同时启动了认证培训中心建设工作。项目组还通过课题研究积极探索产教融合新模式，2021 年以本专业群为研究对象建设的“智能制造产业学院”被评为“广西首批高等职业教育示范性产业学院”，有力地促进了基地的内涵建设。

加强社会服务能力建设：充分发挥数控技术专业的技术和设备优势，开展技术服务和培训服务，有力地促进了地方企业及区域职业院校的快速发展，提升了专业师生的技术技能水平。依托精密制造技术中心，组织专业师生为相关企业承担精密模具、铝产品加工，实现“产教”深度融合；依托与企业共建的精密检测技术中心，建立“校内、校外技术服务工作站”，组织专业师生为企业提供产品检测技术服务达 21 项；依托广西“1+X”证书制度试点、“广西职业院校教师素质提高计划”等项目，组织专业教师积极开展职业技能培训及鉴定服务、师资培训服务等项目。建设期间，广西机电职业技术学院面向企业、社会和职业院校开展职业技能培训共 1803 人次，技能鉴定共 1981 人次。

第二节 研究过程总结和具体成效

专业群建设与发展的经验总结和成效主要从人才培养模式改革、专业课程体系和教学内容改革、师资队伍建设、教学实验实训条件建设、社会服务能力建设等五个方面展开。

一、主动融入地方产业链，探索并实践“三层递进、四化融合”的校企“双元育人”模式

在“产教深度交融合，校企双元育人”的专业建设理念指导下，将专业建设主动融入当地产业链，围绕地方经济发展需要，以培养职业素质高、专业能力强、具有可持续发展能力的高素质高技能人才为目标，探索并实践了“双元育人”的人才培养模式。

（一）“三层递进、四化融合”人才培养模式的内涵

通过现代学徒制、混合所有制、订单式培养、跨专业项目化培养等多元化校企合作形式，将企业需求、行业标准与国家职业资格标准融入人才培养全过程，突出学生专业基础应用能力、职业岗位实践能力、创新创业发展能力“三层递进”的培养；紧紧依托

广西首批高等职业教育示范性产业学院——“智能制造产业学院”合作平台，通过引入企业项目进课堂实施项目化教学，在校内外实践基地进行生产性实训，在产业学院协同创新中心开展“双创”实践锻炼，在相关企业进行顶岗实践等途径，实现教学过程项目化、能力培养层次化、企业参与全程化、工程实践岗位化的“四化融合”（简称“四融合”）模式，进行协同育人，同时通过生产项目驱动师资队伍建设及实训基地建设，全面促进专业建设的可持续发展。

（二）“三层递进、四化融合”人才培养模式在专业群建设中的具体实践

1）坚持校企合作，开展“1+X 证书制度”试点工作。坚持走校企合作之路，联合相关企业，围绕专业群“1+X 证书制度”职业技能等级培训，深化教学改革，强化条件建设。将职业技能等级培训内容有机融入专业人才培养方案，优化课程设置和教学内容，提高人才培养的针对性、适应性。充分利用信息化平台，开展校内外在线培训服务，为对接“1+X 证书制度”信息管理服务平台做好准备。建设期内，积极申报焊接机器人操作员、多轴数控加工、数控设备维护与维修等 3 个 X 证书试点，并为 337 名学生开展了培训和认证工作，切实推进了“1+X 证书制度”试点工作的有序进行。

2）开展现代学徒制人才培养。自 2018 年开始，专业群内的机电设备维修与管理、焊接技术及自动化专业共有 142 人组建“柳工学徒班”。该学徒班主要面向柳工机械股份有限公司挖掘机和装载机两大工程机械主流产品，与广西柳工机械股份有限公司共同开展现代学徒制人才培养工作。学生在第一学期至第四学期，在校内学习专业基础理论知识和基础技能，第四、第五学期在柳工机械股份有限公司以“学徒”身份在企业导师的指导下按照企业生产要求进行职业素养实习和顶岗实践，以巩固熟练专业基本技能，培养和提升职业能力和职业素养，使其在较短的时间内实现独立工作，完成企业的生产任务，最终真正地融入企业生产。工作之余，利用下班后和周末时间，由学校派出专业教师结合企业生产案例进一步开展专业核心课程知识的讲授，实现工学交替，将学习与工作有效结合，实现人才培养与企业的“零距离”对接。毕业生除了具有良好的职业道德、工作态度及行为规范素养，还具备较强的工程机械制造和技术服务能力，成为了具有较强可持续发展能力的复合型技术技能人才。

3）引企入校，形成“校中厂”。将相关企业引进实训基地，专业课程以合作企业的生产项目为对象，“零件数控铣削加工”“机器人焊接工艺”等核心课程的教学在该企业车间进行，由专兼结合的教师团队，以现场生产任务为教学项目，实施项目化

教学。

4）依托校企共建的技术中心，主动融入地方产业链，承担企业生产与技术服务工作。通过相关企业承接零件外协加工、开展产品检测及逆向设计技术服务，为学生提供生产性实践机会。

二、课程体系与教学内容改革

课程体系与教学内容改革主要包括专业课程体系的系统设计、课程改革与建设、教学资源库等三个方面。

（一）校企合作开展课程体系改革

1. 广泛深入地开展社会调研，明确专业培养目标

为确保人才培养质量符合地方经济发展需求，广西机电职业技术学院积极组织专业相关教师，围绕数控技术专业群中各专业在企业中的生产应用、发展趋势，深入部分地方企业开展调研，得到了专业人才的主要岗位、工作内容及要求（以数控技术专业为例），详见表 4-1。

表 4-1　调研企业主要岗位、工作内容及要求

序号	主要岗位名称	主要岗位职责	主要知识结构	主要能力结构	劳动素质要求	职业技能等级证书和职业技能等级证书举例
1	数控机床操作工岗	操作数控机床加工零部件	机械制图、机械设计、机械制造技术、公差配合与测量技术、数控系统操作，工装夹具设计、计算机应用、CAD/CAM 软件应用、通用机加设备操作、机器人编程、电工基础、办公自动化系统	识图和制图能力、工艺能力、计算机应用能力、发现和解决生产技术问题能力、思考和创新能力、沟通能力、团队协作能力	有正确的人生观、世界观和价值观，踏实肯干、工作认真，对技术有着精益求精和执着追求的工匠精神	CAD/CAM 工程师证 数控铣工证 数控车工证 机械工程师证

续表 4-1

序号	主要岗位名称	主要岗位职责	主要知识结构	主要能力结构	劳动素质要求	职业技能等级证书和职业技能等级证书举例
2	数控加工工艺岗	产品零件的工艺编排	机械绘图、机械设计、机械制造技术、公差配合与测量技术、金属与非金属材料、数控加工设备操作、CAD/CAE/CAPP、工装夹具设计、ERP 系统应用、MES 系统使用、PDM 系统、办公自动化系统	识图和制图能力、计算机应用能力、工艺编排能力、发现和解决实际生产问题的能力、利用先进制造工艺优化生产的能力、车间智能管理系统运用能力、团队协作能力、沟通能力和创新思考能力	有正确的人生观、世界观和价值观，踏实肯干、工作认真，对技术有着精益求精和执着追求的工匠精神	CAD/CAM 工程师证 机械工程师证
3	数控程序编程岗	产品零件的数控程序编程	机械制图、机械设计、机械制造技术、公差配合与测量技术、三轴、四轴、五轴 CAD/CAM 软件编程与仿真，数控系统操作、工装夹具设计、计算机操作、办公自动化系统	识图和制图能力、计算机应用能力、工艺编排能力、发现和解决实际生产问题的能力、沟通与交际能力、团队协作能力、创新思考能力	有正确的人生观、世界观和价值观，踏实肯干、工作认真，对技术有着精益求精和执着追求的工匠精神	CAD/CAM 工程师证 数控铣工中级证 数控车工中级证 机械工程师证
4	机械产品设计岗	机械零件产品研发	机械制图、机械设计、机械制造技术、公差配合与测量技术、CAD/CAM 软件编程与仿真，数控系统操作、工装夹具设计、计算机操作、办公自动化系统 OA	识图和制图能力、计算机应用能力、工艺能力、发现和解决实际生产问题的能力，良好的沟通能力、团队协作能力和创新思考能力	有正确的人生观、世界观和价值观，踏实肯干、工作认真，对技术有着精益求精和执着追求的工匠精神	CAD/CAM 工程师证 数控铣工中级证 数控车工中级证 机械工程师证

续表 4-1

序号	主要岗位名称	主要岗位职责	主要知识结构	主要能力结构	劳动素质要求	职业技能等级证书和职业技能等级证书举例
5	数控机床维修岗	数控机床设备的维护、保养和维修	机械制图、机械设计、机械制造技术、公差配合与测量技术、CAD/CAM软件编程与仿真，数控系统操作、电气控制、C语言等工业自动化编程语言、计算机操作、办公自动化系统	识图和制图能力、计算机应用能力、工艺能力、C语言编程能力、发现和解决实际生产问题的能力、沟通与交际能力、团队协作能力、创新思考能力	有正确的人生观、世界观和价值观，踏实肯干、工作认真，对技术有着精益求精和执着追求的工匠精神	CAD/CAM工程师证 数控铣工中级证 数控车工中级证 电工证 工业机器人应用编程职业技能等级证书 机械工程师证
6	机床设备售后服务岗	售后服务	联系和走访客户，完成所售仪器设备的安装调试及售后服务	仪器的售后服务能力	有正确的人生观、世界观和价值观，踏实肯干、工作认真，对技术有着精益求精和执着追求的工匠精神	CAD/CAM工程师证 数控铣工中级证 数控车工中级证 电工证 机械工程师证

企业对高职院校毕业生基本素质的要求如下：

1）具有良好的职业素质，有较强的组织纪律及集体观念；

2）有吃苦耐劳的意志品质，严格服从企业的安排与管理；

3）有不断学习的能力，接受新知识的能力强，并具备一定的开拓创新能力；

4）有良好的交流沟通能力、团结协作能力；

5）有较强的组织管理能力、自主管理能力、沟通能力、协调能力；

6）能熟练操作计算机，有一定的外语基础，具备一定的外语听、说、读、写等运用能力。

根据调研结果，结合数控技术从业人员职业标准，确定数控技术专业人才培养目标，即主要面向区域制造类企业，以数控加工等先进制造技术在机械生产中的应用为方向，培养具有良好职业道德、工作态度和行为规范，以及数控机床编程与操作能力，能从事数控设备的操作、调试、维修和技术管理的高素质技能型人才。同时，根据对毕业生的跟踪调研，总结出本专业毕业生岗位变迁发展规律，即初次就业岗位：操作工岗位（普通机床操作工、数控机床操作工）。发展岗位：技术员岗位（数控程序员、工艺设计师、产品检验员）。拓展岗位：生产组织与管理岗位（生产主管、项目经理等）。

2. 构建“平台课程共享、专业模块并行、拓展课程互选”的专业群课程体系

将“宽基础、强技能、重过程、严考核”的要求贯穿课程体系建设始终，坚持“企业需求与学生个性化需求并重”的原则，构建涵盖基本素质教育、专业能力培养和创新能力培养三个维度的“平台课程共享、专业模块并行、拓展课程互选”的专业群课程体系（见图 4-1）。

该课程体系的实施主要通过第一课堂和第二课堂完成。其中，第一课堂侧重系统知识的传授和专业技能的培养，以课堂教学为主，是教育教学的主渠道，除了专业基础理论知识和传统实训模式，专业群还根据专业核心能力的培养要求，依托已学项目化课程能力基础，通过“项目 + 导师”的形式，设置基于多课程综合应用的学期项目。例如，机械设计与自动化技术专业前三学期完成“机械制图”“机械设计”“PLC 技术”等课程教学，通过第三学期的“学期项目”进行机械创新设计综合能力的培养。学期项目以导师指导、项目实施、成果考核形式开展。导师将竞赛项目、创新项目、科研项目、企业服务项目等设计成学期项目，学生可根据自身的兴趣、专长等选择其中一个项目，跨专业组成项目小组，以师生双向互选的形式，开展项目导师制学习。第三到第五学期，学生每学期完成一个项目，根据能力递进培养规律，逐步拓展专业技术技能的深度和广度。

第二课堂侧重实践锻炼和学生个性的发展，以学生的课外实践活动为主。跟踪产业发展趋势，邀请行业企业专家、技能大师走进校园，以论坛、讲座等不同形式，在专业群内营造创新创业氛围，增强学生创新意识和创业能力；面向智能制造产线生产与管控、智能制造产线工装夹具设计、产线装调等技术复合度高的岗位群，成立“智能制造创新班”，实施全程双导师模式，培养创新型、复合型拔尖技术技能人才，并以创新班为引领，带动专业群其他学生的创新能力培养。依托专业群专业发展研究基地、产业学院、创新工程中心、科技型社团等实践教育平台，为学生提供创新创业训练项目和创业实践项目，通过开设“TRIZ 入门”等创新理论课程，形成将创新理念融入课程、课堂、实训、竞赛等第一、第二课堂的创新型人才培养体系。

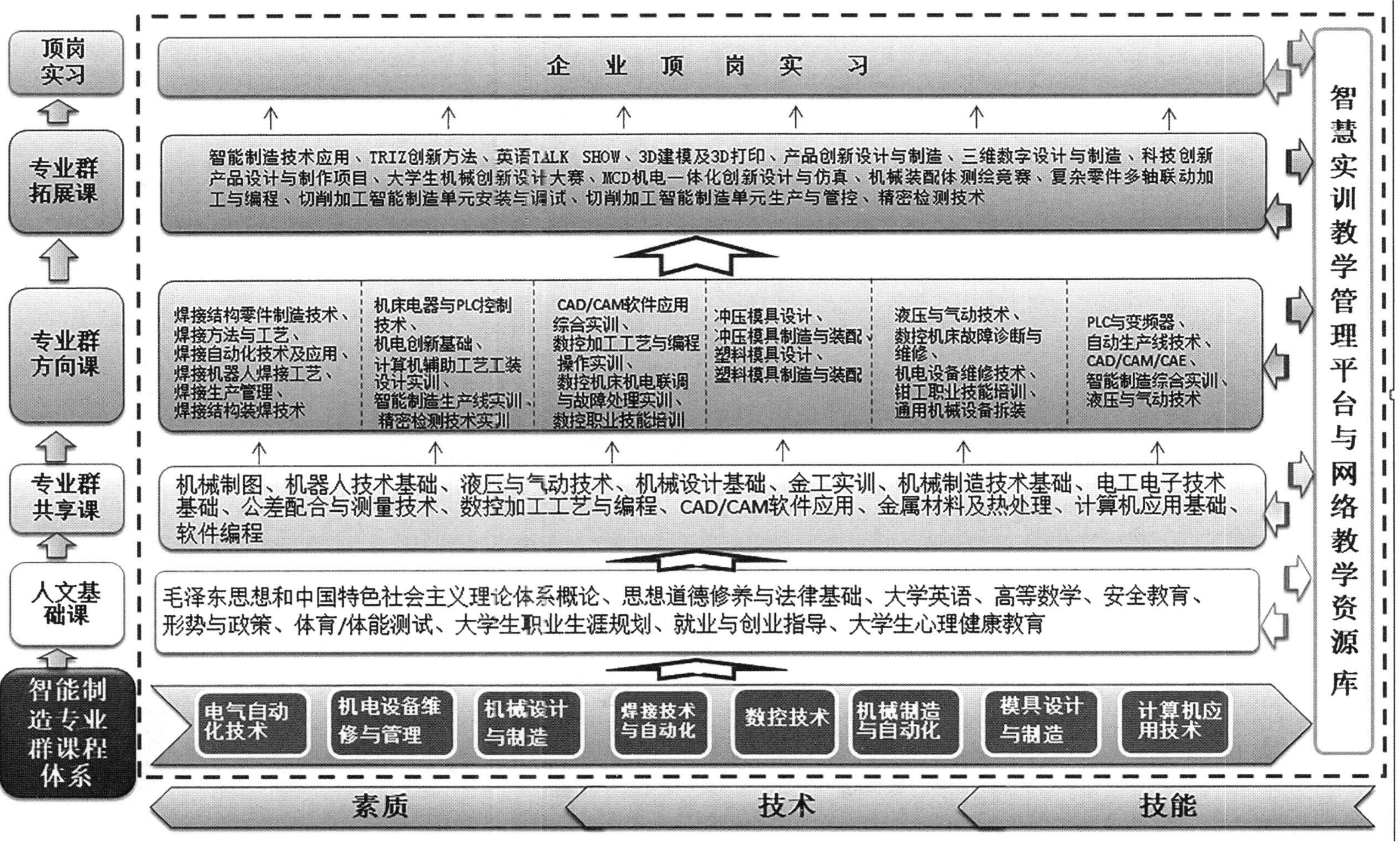

图 4-1　数控技术专业群课程体系

（二）校企合作开展专业课程建设和教学改革

1. 校企合作共同建设专业核心课程

根据各专业特色，对应岗位群的需求，把行业资格认证标准引入课程建设中，与相关企业合作开发“多轴数控加工技术”“精密检测技术”“液压与气动技术”等5门专业核心课程，将企业工作过程及生产项目引入课堂，在教学实施的过程中强调以学生为主，通过项目驱动课程教学，促使学生在完成学习项目的过程中掌握相关理论知识和专业技能，形成良好的职业素质。

经过三年的建设，广西机电职业技术学院已建成省级精品在线开放课程1门、院级精品在线开放课程2门、省级课程思政示范课1门、院级课程思政示范课8门，详见表4–2。

表4–2　数控技术专业核心课程建设情况一览表

序号	课程名称	负责人	合作开发企业 / 协会	建设完成情况
1	CAD/CAM软件应用	李华川	广西玉柴机器集团有限公司	省级、校级精品在线开放课程
2	1+X多轴数控编程及加工	钟健	乔治费歇尔精密机床（上海）有限公司	省级、院级课程思政示范课
3	液压与气动技术	林德智	广西柳工机械股份有限公司	院级课程思政示范课
4	冲压模具制造与装配	陈江虎	厦门捷昕精密科技股份有限公司	院级课程思政示范课
5	机械基础	李玺	广西机械工业研究院有限责任公司	院级课程思政示范课
6	数控机床故障诊断与维修	林显新	广西玉柴机器集团有限公司、上汽通用五菱汽车股份有限公司	院级精品在线开放课程
7	工程机械发动机构造与维修	姚彩虹	广西柳工机械股份有限公司	院级课程思政示范课
8	精密检测技术	张丽丽	海克斯康制造智能技术（青岛）有限公司	院级课程思政示范课
9	焊接自动化技术及应用	余小榕	成都卡诺普机器人技术股份有限公司	院级课程思政示范课
10	AutoCAD工程师职业技能培训	朱向丽	上汽通用五菱汽车股份有限公司	院级课程思政示范课

续表 4-2

序号	课程名称	负责人	合作开发企业 / 协会	建设完成情况
11	智能制造综合实训	苏茜	南宁富联富桂精密工业有限公司、广西机械工业研究院有限责任公司	在建（广西现代职业教育发展示范项目“校企合作专业建设和课程开发试点”能力本位课程开发）

2. 校企合作共同开发教材

为满足项目教学的需要，根据课程知识体系特点、企业实际产品生产特点、学生学习特点等全面考虑，与相关企业合作，开发源于企业的真实工作项目的校企双元活页式教材。活页式教材根据职业岗位标准，按照“源于生产，随技术发展和产业升级动态更新、动态调整”的思路，将生产项目分解成多个活页式组合的可选任务，着重从职业素养、操作要求与规范、任务要求、实施过程、互动、习题等方面出发，以工作过程引导方式组织编写，确保新技术、新工艺、新规范及时进入课堂。截至目前，已完成“液压与气动技术”“多轴数控加工技术”“精密检测技术”等课程的教材开发（详见表 4-3）。

表 4-3　数控技术专业特色教材开发情况一览表

序号	教材名称	负责人	合作开发企业 / 协会	完成情况
1	数控加工工艺与编程	李彬文	南南铝加工有限公司	已出版（活页式教材）
2	液压与气动技术	林德智	广西柳工机械股份有限公司	已出版（活页式教材）
3	多轴数控加工技术	廖剑斌	乔治费歇尔精密机床（上海）有限公司	校本活页式教材
4	精密检测技术	伍咏晖	海克斯康制造智能技术（青岛）有限公司	校本活页式教材
5	CAD/CAM 软件应用 I	李华川	优科数字化制造技术（深圳）有限公司、厦门捷昕精密科技有限公司	已出版（项目化教材）
6	CAD/CAM 软件应用 II	李华川	优科数字化制造技术（深圳）有限公司、厦门捷昕精密科技有限公司	已出版（项目化教材）

（三）开展教学方法和考核方式改革

1. 教学方法改革

在专业课的教学过程中，积极组织专业教师开展教学方法改革，将过去“以教师教学为中心”的模式转变为“以学生学为中心”，将过去“重技能训练，轻职业素质养成”

的倾向转变为“技能训练与职业素质教育并重”，根据课程特点灵活采用六步教学法、启发引导法、案例教学法、仿真教学法等教学方法开展教学，注重发挥学生的主体意识，让学生成为教学活动中的主角，实现“教、学、做”一体化。同时，利用信息化技术和数字化教学资源，推进线上线下翻转课堂混合式教学改革，极大地提高了学生的学习兴趣，促进了教学质量及教学效率的提高。

2. 考核方式改革

广西机电职业技术学院一直在探索过程性评价与终结性评价相结合的课程综合考核方式，以便对学生进行更全面、更客观的评价。过程性评价主要以专业能力、方法能力、社会能力等为考核内容，根据学生完成学习项目的情况，对他们的能力进行全面客观的评价。终结性评价主要考查学生对基本知识和理论的掌握情况，可以通过笔试、口试、操作等方式进行考察。以“数控加工工艺与编程”课程考核方式为例，该课程考核中，过程性考核占60%，主要以项目为载体，在实施3个学习项目的过程中，全面考查学生的数控铣削加工编程、机床操作能力，以及与人交流、团队协作、学习态度及分析解决问题等方面的能力；终结性考核占40%，以笔试、职业技能鉴定考证等方式为主，综合考查学生对工艺及编程理论的掌握情况、机床操作情况等综合能力。

（四）积极开展数字化教学资源建设

专业群利用信息化技术开发了课程网站、在线课程、教学资源库等，借助学校“智慧云平台”，形成线上线下相结合、手机端PC端相结合的多层次、多形态数字化教学平台，使教学手段更丰富，教学资源能共享。

1. 教学资源库建设

借助“数控技术专业及专业群发展研究基地”项目，专业群获广西“2019年度自治区级职业教育专业教学资源库”建设立项。通过与多家院校、企业组成校企合作联合开发团队，依据岗位具体工作项目，对教学资源进行重新优化和整合，开发一系列微课、微视频、动画等数字化教学资源，借助学院智慧云、职教云等平台，构建随时、随地、随需的云端课堂，实现专业群教学资源的推广与共享。目前已完成“CAD/CAM软件应用Ⅰ”“CAD/CAM软件应用Ⅱ”等2门课程资源库建设，今年内将完成“数控加工工艺与编程”“逆向设计与创新设计”等10门在线共享课程及“数控机床机械装调与维修”等6门课程的仿真资源建设，促进教学资源的共享，并最终达到助学助教的目的。专业核心课程资源库完成情况详见表4-4。其中，精品在线开放课程“CAD/CAM软件应用”

面向社会开放，截至 2022 年 3 月，总访问量达 7.5 万多人次。通过“互联网 + 课堂”的实施，推动了专业教学资源建设，激发了学生的学习兴趣，有效改善了教学效果，解决了传统教学“内容陈旧、方式僵化、评价单一”的问题。

表 4-4　专业核心课程资源库完成情况

序号	建设项目	主要建设内容	完成情况
1	课程标准	课程基本信息、课程性质和设计思路、课程教学目标、课程内容与实施建议、教学条件	已完成 10 门专业课程的标准制订
2	电子教案	教学目标、教学重点、教学方法、项目训练、教学过程	已完成 10 门课程的电子教案编写
3	多媒体课件		已开发 10 门课程多媒体课件
4	习题库	思考练习题、实训题	已完成 10 套
5	试卷库	名词解释、单项选择题、多项选择题、判断题、简答题、分析题、论述题、计算题、综合实训题	已完成 3 门课程试卷库
6	实践指导	实训目的、实训项目、步骤与要求、考核标准	建设中
7	课程网站	课程标准、课程整体设计和单元设计、授课课件、网上交互、习题与练习、实践（实验、实训、实习）指导、参考文献等	已完成“CAD/CAM 软件应用”“数控加工编程与操作”等 3 门课程网站建设，其他课程网站尚在建设中
8	常见问题解答	在线答疑	已完成 2 门课程，年内完成其余 8 门课程
9	素材库	视频、动画、音频	已完成 2 门课程，年内完成其余 8 门课程

2. 虚拟仿真教学资源建设

由于先进装备制造业的高端设备精密，单台设备价值高，且智能制造环境搭建和运维成本高，同时为了积极推动落实“三教”改革，助推高水平专业群建设，基于专业课程和实训的需要，利用信息化技术建设智能制造虚拟仿真教学平台，围绕特殊工艺“看不见”、智能生产“进不去”、安全环境“难实现”等传统教学难题，利用“数控机床机械装调与维修”“数控机床电气装调与维修”“数控编程与加工”等 5 门课程的智能交互实训教学虚拟仿真系统，实现教学手段“以实带虚、以虚助实”，提高学生的实践能力。专业群主持的“先进装备制造虚拟仿真实训基地”获批 2021 年职业教育示范性虚拟仿真实训基地建设项目立项。

三、师资队伍建设

聚焦先进制造业的高端装备领域，更好地推进高水平专业群建设和“三教”改革，积极实施“双师”素质继续教育工程，不断优化专任教师队伍结构，提升教师的教育教学能力及技术水平；同时，积极实施“双师”结构师资队伍建设工程，紧紧依靠地方企业构建兼职教师资源库，并从中聘请了一批企业技术专家和能工巧匠担任兼职教师，组建了专兼结合的专业教学团队。经过三年的建设，已建成一支以专业带头人为核心，专兼结合、结构优化、高水平的专业教学团队，并取得了丰硕的建设成果。

（一）专任教师队伍建设

实施“双师素质继续教育工程”过程中主要采取以下措施，有效提高了专任教师的教育教学能力和专业技术能力。

1. 通过“带、培、赛、研”等方式，转变教师教育观念，提高教育教学能力和科研能力

带：以老带新，对专业带头人和骨干教师进行重点扶持和培养，并由专业带头人和骨干教师作为师傅，指导中青年教师和从企业、研究所等引进的新教师，定期对他们进行实习、实训、课程建设、学术等方面的培训，以提高中青年教师的教学和科研水平。

培：①组织教师参加“职业院校教师素质提升计划”等国内各种形式的培训班学习，让教师了解最新的职教理念，获取先进的职教方法，学习先进的技能技术，有效提高教师的教育教学理论认识、教育教学能力和科研能力；②安排新入职的年轻教师到企业挂职锻炼，让教师先进入企业，真实体验企业的工作过程，系统认识企业的工作要求，再走上讲台，使其对如何开展职业教育教学做到心中有数。

赛：实施“以赛促教、以赛促改”工程，通过组织教师参加教学能力大赛、专业技能大赛等，让教师的教学方式、方法和专业技能得以不断改进和提高。

研：坚持“以研促教、以研促建”的建设思路，围绕专业群建设内容，申报教改项目、质量工程建设项目和相关的科研项目，通过边实践、边研究、边改进的形式，实现科研教改的“反哺”教学。

2. 依托校企合作平台，加强产教融合，提升教师“双师”素质

依托智能制造产业学院、工程研究中心等校企合作平台，联合企业兼职教师组成高

水平教学创新团队。由企业技术总监、教学名师领衔，能工巧匠及教学经验丰富的专任教师组建“课程团队”，由擅长不同教学模块内容的学校教师和企业兼职教师共同完成项目化教学任务，探索教师分工协作模块化教学模式；同时，由企业技术专家和科研能力强的专业群教师组建焊接智能化工艺、高端模具设计与制造等技术创新和科技服务专家团队，充分发挥专家团队的能力优势，为相关企业提供模具设计与制造、产品检测、产品逆向设计、工艺改进和技术改造等服务，提升教师的专业技能和科研能力，并有效促进专业、课程的内涵建设和教师的教学能力提升。

3. 制订完善的团队建设及教师个体发展管理制度，改革评价机制，激发教学团队人才活力

完善理事会领导下的产业学院院长负责制，构建校行企师资队伍“共建、共培、共管”机制，通过制订《教师进企业锻炼激励办法》，落实 2 年一周期的全员进企业锻炼 2 个月制度，鼓励教师积极到企业真正参与企业生产实践项目与技术攻关；通过制订《广西机电职业技术学院“名师工作室”建设管理办法》《广西机电职业技术学院教师教学创新团队评选和管理办法》等，建立团队合作机制，每年给予一定的经费支持，鼓励教学名师、技能大师发挥“传、帮、带”作用，优化团队结构，提高团队的整体教学水平和科研能力，在开展专业建设、教育教学改革等方面发挥积极作用，有效促进人才培养质量的提高。

经过三年建设，专业群打造了一支年龄上“老中青”相结合、职称上“高中初”相匹配的教师教学团队，整体实力显著提升：

1）专业教师积极参与专业及课程建设，教育教学能力明显提升。三年共建成省级精品在线开放课程 1 门、省级课程思政示范课 1 门、院级精品在线开放课程 2 门、院级课程思政示范课 8 门、课程资源库 2 个，获得省级教学能力大赛二等奖 1 项、三等奖 3 项。

2）专业教师技术能力大幅提升，近三年来，完成技术服务项目 21 项。

3）教师的科研能力也在不断增强。近三年教师共完成省级教改科研项目 5 项，发表专业学术论文 83 篇，获得专利 18 项，获省级教学成果一等奖 1 项，获院级教学成果一等奖 1 项、二等奖 1 项。2021 年“智能制造专业群数字赋能‘双元育人’模式创新的研究与实践”获教育部专项课题研究项目立项。

（二）兼职教师队伍建设

围绕“建立一支稳定并有效发挥作用的兼职教师队伍”这一目标，广西机电职业技术学院实施了“双师”结构师资队伍建设工程，借助相关合作企业的优秀技术骨干，构建了一支以“能工巧匠”为核心的兼职教师队伍，并遵循“合作共赢”的思路开展双元育人工作，通过完善兼职教师相关管理制度，提高了兼职教师参与专业建设及课程改革工作的积极性。

1. 创建校企利益共同体，促使企业兼职教师主动参与专业建设及课程改革相关工作

通过为企业输送高质量人才、提供技术服务、为企业解决实际问题等措施，广西机电职业技术学院与企业建成了“你中有我，我中有你”的利益共同体关系，使得企业积极安排其技术人员支持专业建设及课程改革的相关工作。相关合作企业先后派出技术骨干参与专业工作分析会、人才培养方案制订研讨会、课程开发论证会等，校企共同制订专业人才培养方案，参与“CAD/CAM 软件应用”“数控加工工艺与编程”等课程建设及教材开发，并承担相应的教学任务。

2. 实行灵活管理，为兼职教师参与教学及教研活动创造便利条件

在不影响教学质量的前提下，按需要调整兼职教师的上课时间，确保“生产、教学两不误”；创新教学模式，借助“厂中校”“校中厂”，将教室搬进车间，将课堂置于云端，为兼职教师积极参与教学及教研活动创造便利条件。

经过三年的建设，专业群师资队伍建设成效如表 4–5 所示。

表 4–5　专业群教师队伍建设成效表

成效名称	数量
国家级教师教学创新团队	1 个
省级教学成果 院级教学成果	1 项 2 项
省级教学名师 院级教学名师	1 人 1 人
全国技术能手	1 人
国家级课题 省部级课题	1 项 5 项
专利	18 项
论文（发表在国外权威期刊、国内核心期刊）	15 篇

续表 4–5

成效名称	数量
专著	1 部
技术服务项目	21 项
高级职称	6 人
双师素质教师	23 人

四、实训基地建设

充分发挥专业群优势，通过创建广西机电—厦门捷昕精密制造技术中心、智能精密检测中心等校企共享的生产性实训车间，共同推进校内实训基地硬件及内涵建设；借助智能制造产业学院平台，大力推动校外实训基地建设。三年间，校内实训基地新增面积 6000 平方米，引进合作企业 3 家，投入实验实训教学设备 2000 余万元，校外实训基地数量新增至 15 家，数控技术专业群校内实训基地已成为区域内实践教学体系完备、技术先进、管理水平高的生产性实训基地，综合实力处于广西领先水平。目前，数控技术专业群实训基地已确定为首批教育部—瑞士 GF 智能制造创新实践基地培育建设单位和认证培训中心、省级职业教育示范性虚拟仿真实训基地。同时，项目组还通过课题研究积极探索产教融合新模式，2021 年以本专业群为研究对象建设的智能制造产业学院被评为广西首批高等职业教育示范性产业学院，有力地促进了基地的内涵建设。

（一）校内实训基地建设

为满足工作过程导向的课程教学要求，促使教学内容及教学要求与企业生产对接，广西机电职业技术学院不断深化与地方企业的合作关系，积极创新合作形式，围绕课程体系所设置的实践教学项目，开展校内生产性实训基地建设，促使基地建立完备的实践教学体系，使实训规模达到教学需求，管理机制与企业基本一致，为专业学生养成良好的职业素质、掌握过硬的专业技能奠定了坚实的基础。

1. 校企共同规划设计建设满足专业群“生产性实训”教学需求的实训中心

根据学生职业成长规律，学生在校期间的实训主要分为单项技能训练、综合技能训练及生产性实训三个阶段。为此，广西机电职业技术学院聘请企业专家参照企业生产环境要求和管理模式，围绕为中小企业提供产品设计与制造、产品试制、检测等服务项目，校企共同规划、设计、建设精密制造及精密检测技术实训中心，通过上述生产或技术服务活动，有效满足了数控技术专业生产性实训教学需求，更好地提高了学生专业技能。

2. 校企共建满足“真项目、真环境”生产性实训教学需求的“校中厂”

依托省级智能制造产业学院，与相关企业合作，将企业精密模具制造车间建在学校实训中心内，实现校企双方资源共享，企业有偿使用广西机电职业技术学院加工设备，并接纳数控技术专业群学生开展塑料模具、冲压模具制造等“真项目、真环境”生产性实训教学活动和顶岗实习活动。

3. 校企共同推进强化实训中心内涵管理的“6S”管理制度

在相关企业的指导下，推行“6S”管理制度，按照企业生产要求设置实训中心图文标识，规范教学及生产活动，提高中心管理水平，利用企业文化氛围帮助学生形成良好的职业素养。

经过三年建设，专业群实训基地取得了以下成效：

（1）基地的环境和硬件条件进一步改善，有效满足了生产性实训及项目化课程教学要求

基地共新建、扩建实训室 4 个，新增实验实训教学设备已达到 335 台（套），建立了完备的专业实践体系，教学环境和硬件条件进一步改善；推行“6S”管理制度后，基地企业文化氛围浓厚，管理水平明显提升，有效地满足了项目化课程教学、生产性实训及技能培训认证的要求。目前，数控技术专业群实训基地已成为广西职业院校教师素质提高计划培训基地。

（2）生产性实训教学活动的开展，有效推动了产教融合的可持续发展

利用精密制造及精密检测技术实训中心，为相关企业提供模具生产、检测等技术服务，不仅为学生提供了生产性实训岗位，还大大减少了实训耗材开支，促使基地由过去“输血”式的消耗性实训教学转变为具有“自我造血”能力的生产性实训教学，实现了“产教融合”的可持续发展。

（3）师生的职业素质明显提升，专业技能进一步增强

在实训基地推行“6S”管理制度，按照企业要求规范学生的学习及生产性实训行为，使他们不仅具有产品质量意识，更有生产效率意识，职业素养和专业技能显著提升。学生参加省级以上各类职业技能大赛，均取得优异成绩，如专业群学生参加 2021 年全国职业院校技能大赛，获“复杂部件数控多轴联动加工技术”赛项二等奖；参加 2021 年

全国智能制造大赛“精密模具智能制造系统应用技术”并获三等奖等。同时，专业教师通过参与产品生产及工艺设计、产品检测等技术服务项目，积累了丰富的现场经验，专业能力得到大幅提升，有力地促进了课程教学改革和专业发展。

（二）校外实训基地建设

借助产业学院合作平台，进一步加强与企业的交流合作，开展校外实训基地建设，完善管理制度，满足专业群顶岗实习教学要求。

1. 依托合作企业，建设校外实训基地

依托广西机电职业技术学院校内生产性实训基地的生产、培训、技能鉴定、技术服务等功能，与更多地方企业建立良好的合作关系，进而建设新的校外实训基地。

2. 校企共建顶岗实习管理制度，确保校外实训基地教学活动正常运行

为确保校外实训基地能正常开展顶岗实习教学活动，广西机电职业技术学院与企业根据各自情况，共同协商制订学生顶岗实习管理办法等制度，确保校外实训基地教学活动的正常运行。

校外实训基地经过三年建设，取得了以下成效：

（1）扩大了校外实训基地规模，顶岗实习内容更丰富

新增15个校外实训基地，顶岗实习内容包括数控加工、设备维修、产品检测等方面，丰富的实习内容满足了专业群内不同学生的个性要求。

（2）完善顶岗实习管理制度，顶岗实习管理更规范

为规范学生顶岗实习行为，促进校外实训基地健康发展，在学院学生顶岗实习管理文件的基础上，学院与相关企业协商，共同制订了《顶岗实习课程标准》《顶岗实习管理办法》《顶岗实习手册》《顶岗实习实施方案》等，从教学内容设计、运行、监控等方面作出了明确的规定，有效地确保了学生能在校外实训基地正常开展顶岗实习活动。

（3）依托校外实训基地开展校外顶岗实习，有效地增强了学生就业竞争力

依托校外实训基地开展校外顶岗实习，让学生在“真要求、真环境”下完成“真任务”，促使他们提前适应企业的生产环境及生产要求，有效地增强了学生的就业竞争力。

五、社会服务和辐射能力建设

依托智能制造产业学院及省级工程研究中心校企合作平台，充分发挥专业群师资、

技术、设备和人力资源优势，积极开展生产与技术服务，解决企业的工艺技术与一线生产的问题；积极推动培训与技能鉴定服务等社会服务工作，促进地区人才技能的快速提升及职业院校的快速发展，提升本专业的社会服务能力。

（一）依托本专业校内生产性实训基地的生产功能，面向本地区企业开展生产服务

充分利用本专业校内生产性实训基地的生产功能，为相关企业提供高精度薄壁铝产品及精密模具生产服务，利用精密检测中心的三坐标激光测量机及蓝光扫描仪等先进设备，组织专业师生为多家中小企业开展产品检测及逆向设计技术服务，有力地支持了企业生产，服务企业和地方经济发展。

（二）积极开展职业技能培训及鉴定服务，有效促进企业员工技能水平的提升

依托学校广西职业教育培训基地、广西职业院校教师素质提高计划项目培训基地和职业技能鉴定站，为相关企业员工开展数控车、数控铣等职业技能培训与认证，有效地促进了企业员工素质的提升，达到了为企业和社会服务的目的。

（三）承担中高职学校师资培训任务，有效促进教师专业技能和教学能力的提高

2018—2021 年先后开展了机械行业职业教育教师能力素质提升培训项目——海克斯康精密检测技术培训师高级研究班、“职业院校教师素质提高计划”示范性项目——广西职业院校技能大赛指导教师培训、职业院校教师素质提高计划——装备制造类专业中职骨干教师培训项目等，共培训师资 127 人次，并开展了“1+X”多轴数控加工职业技能等级证书、“1+X”特殊焊接技术职业技能等级证书等培训认证工作，与岑溪市中等职业学校等对口支援学校联合培养学生，有力支援了区域内中等职业学校的师资队伍建设和人才培养。此外，还充分发挥专业群的引领示范作用，使专业群的建设经验辐射到区域的职业院校，促进了教师专业建设能力和技能人才培养水平的提高。

附　录
数控技术专业人才培养调研报告

一、专业现状及前景

（一）数控技术专业现状

随着国家工业生产水平的发展和智能制造的兴起，代表着先进生产力的数控技术在国家工业生产中正发挥着越来越重要的作用。数控生产具有效率高、精度高、加工质量稳定的优势，在航空航天、装备制造、轨道交通、军工、医疗、汽车、造船、电子等行业有着广泛的应用。为了服务国家以及区域工业发展，国内多所职业院校开设了数控技术专业，旨在培养具有数控机床编程与操作能力，能从事数控设备的操作、调试、维修和技术管理的高素质技能型人才。国内毕业生就业情况与企业调研情况表明，数控技术专业毕业生就业率高，就业口径广，人才需求量大，主要进入国企、合资、高科技、私营等机械制造类企业，从事数控生产线的操作、数控加工的程序编制、工艺实施、安装调试、维护管理、数控产品技术服务等工作。

（二）数控技术专业前景

打造集约高效、经济适用、智能绿色、安全可靠的现代化基础设施体系的“新基建”是下一阶段国家经济建设的重点，物联网、5G的加快建设将极大地推动“智能制造”的发展，促进机械制造业结构的换代升级。代表先进生产力的、集成了高度智能化和自动化生产设备的“智慧工厂”将是我国制造业未来的发展趋势，在此过程中，作为智能化和数字化生产的基础，数控技术将发挥不可替代的作用。这表明，智能制造背景下，数控技术人才将拥有良好的发展前景，无论是服务现有生产还是面向未来，数控技术人才都有着旺盛的市场需求，数控技术专业的发展将迎来新的机遇，数控技术专业的就业市场将更加稳固和广阔，数控技术也能更加有效地服务国家和地方经济发展。

二、专业调研情况及分析

（一）相关行业企业调研及分析

1. 企业所需人才的岗位分析

2018—2020 年，通过对 12 家具有代表性的生产制造企业的调研统计，得到了主要岗位及其主要职责所需的知识结构、能力结构和技能证书，如附表 1 所示。

附表 1　调研企业岗位所需的知识结构、能力结构和技能证书

序号	主要岗位名称	主要岗位职责	主要知识结构	主要能力结构	劳动素质要求	职业技能等级证书和职业技能等级证书举例
1	数控机床操作工岗	操作数控机床加工零部件	机械制图、机械设计、机械制造技术、公差配合与测量技术、数控系统操作、工装夹具设计、计算机应用、CAD/CAM 软件应用、通用机加设备操作、机器人编程、电工基础、办公自动化系统	识图和制图能力、工艺能力、计算机应用能力、发现和解决生产技术问题的能力、思考和创新能力、沟通能力、团队协作能力	有正确的人生观、世界观和价值观，踏实肯干、工作认真，对技术有着精益求精和执着追求的工匠精神	CAD/CAM 工程师证 数控铣工证 数控车工证 机械工程师证
2	数控加工工艺岗	产品零件的工艺编排	机械绘图、机械设计、机械制造技术、公差配合与测量技术、金属与非金属材料、数控加工设备操作、CAD/CAE/CAPP、工装夹具设计、ERP 系统应用、MES 系统使用、PDM 系统、办公自动化系统	识图和制图能力、计算机应用能力、工艺编排能力、发现和解决实际生产问题的能力、利用先进制造工艺优化生产的能力、车间智能管理系统运用能力、团队协作能力、沟通能力和创新思考能力	有正确的人生观、世界观和价值观，踏实肯干、工作认真，对技术有着精益求精和执着追求的工匠精神	CAD/CAM 工程师证 机械工程师证

续附表 1

序号	主要岗位名称	主要岗位职责	主要知识结构	主要能力结构	劳动素质要求	职业技能等级证书和职业技能等级证书举例
3	数控程序编程岗	产品零件的数控程序编程	机械制图、机械设计、机械制造技术、公差配合与测量技术、三轴、四轴、五轴 CAD/CAM 软件编程与仿真、数控系统操作、工装夹具设计、计算机操作、办公自动化系统	识图和制图能力、计算机应用能力、工艺能力、发现和解决实际生产问题的能力、沟通与交际能力、团队协作能力、创新思考能力	有正确的人生观、世界观和价值观，踏实肯干、工作认真，对技术有着精益求精和执着追求的工匠精神	CAD/CAM 工程师证 数控铣工中级证 数控车工中级证 机械工程师证
4	机械产品设计岗	机械零件产品研发	机械制图、机械设计、机械制造技术、公差配合与测量技术、CAD/CAM 软件编程与仿真、数控系统操作、工装夹具设计、计算机操作、办公自动化系统	识图和制图能力、计算机应用能力、工艺能力、发现和解决实际生产问题的能力，良好的沟通能力、团队协作能力和创新思考能力	有正确的人生观、世界观和价值观，踏实肯干、工作认真，对技术有着精益求精和执着追求的工匠精神	CAD/CAM 工程师证 数控铣工中级证 数控车工中级证 机械工程师证
5	数控机床维修岗	数控机床设备的维护、保养和维修	机械制图、机械设计、机械制造技术、公差配合与测量技术、CAD/CAM 软件编程与仿真、数控系统操作、电气控制、C 语言等工业自动化编程语言、计算机操作、办公自动化系统	识图和制图能力、计算机应用能力、工艺能力、C 语言编程能力、发现和解决实际生产问题的能力、沟通与交际能力、团队协作能力、创新思考能力	有正确的人生观、世界观和价值观，踏实肯干、工作认真，对技术有着精益求精和执着追求的工匠精神	CAD/CAM 工程师证 数控铣工中级证 数控车工中级证 电工证 工业机器人应用编程职业技能等级证书 机械工程师证
6	机床设备售后服务岗	售后服务	联系和走访客户，完成所售仪器设备的安装调试及售后服务	仪器的售后服务能力	有正确的人生观、世界观和价值观，踏实肯干、工作认真，对技术有着精益求精和执着追求的工匠精神	CAD/CAM 工程师证 数控铣工中级证 数控车工中级证 电工证 机械工程师证

2. 企业需求情况分析

虽然用人单位所处的行业、规模和体制不同，提供的岗位和对人才的知识、技能和素质的要求也不同，但是通过分析附表1可知，用人单位对人才的素质需求有着共性的一面：①知识结构上，除了要求毕业生具有数控技术专业基础知识、技能和证书，目前，随着很多企业朝“智能制造”的方向转型，对现有的生产设备进行了升级改造，企业大量使用机器人、高档数控机床等自动化设备，因此还要求毕业生具备五轴机床操作、自动化控制、机器人操作、智能化管理系统应用等相关知识；②能力结构上，要求毕业生有良好的自学能力、动手能力、发现和解决实际生产问题的能力、创新能力及良好的沟通能力和团队协作能力；③劳动素质上，要求毕业生有正确的人生观、世界观和价值观，踏实肯干、工作认真，对技术有着精益求精和执着追求的工匠精神。

（二）毕业生跟踪调研及分析

以调查问卷的方式对2018至2020届毕业生进行了抽样跟踪调研，并就7个重点问题进行了询问，所得结果如下：

1. 您所在的企业属于哪个行业？

调查统计结果如附图1所示，82%的毕业生分布在汽车、冶金、仪器仪表和装备制造等专业相关领域，这表明大部分学生倾向于依赖自己在学校所学的技能找到对口的行业开始职业生涯。

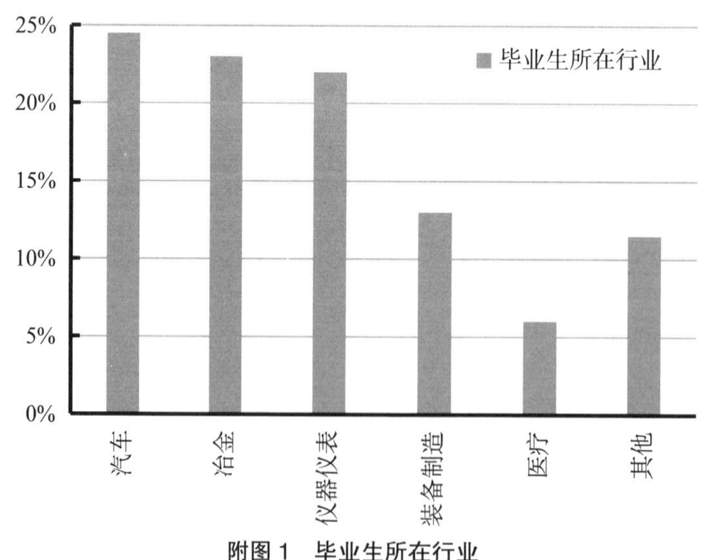

附图1　毕业生所在行业

2. 您所在的企业性质如何？

调查统计结果如附图2所示，78%的毕业生走向了国企、合资以及私营的制造类企业，这说明大部分毕业生倾向于在具有一定资质和规模的企业稳定就职，毕业生的考量除了薪水外，很多学生表示以学到更多的知识和技能为主要目标，也有少数学生选择自主创业等。

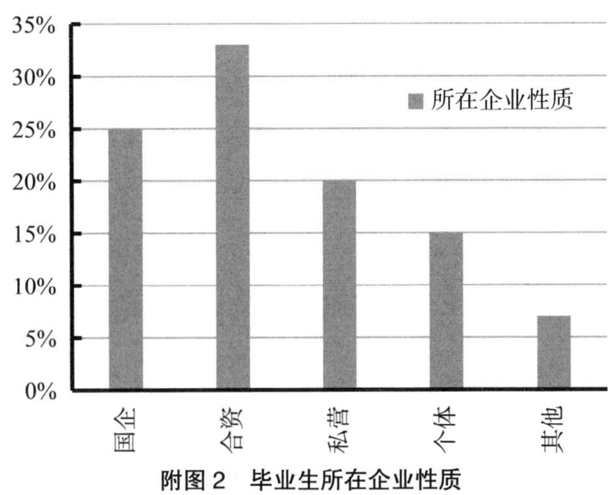

附图 2　毕业生所在企业性质

3. 如果您从事的是本行业，所从事的岗位是?

调查统计结果如附图 3 所示，大部分毕业生从事数控机床操作、数控程序编程和数控加工工艺岗，其次是从事数控零配件销售、数控机床维修和生产现场管理岗，其他岗位的占比为 5%。

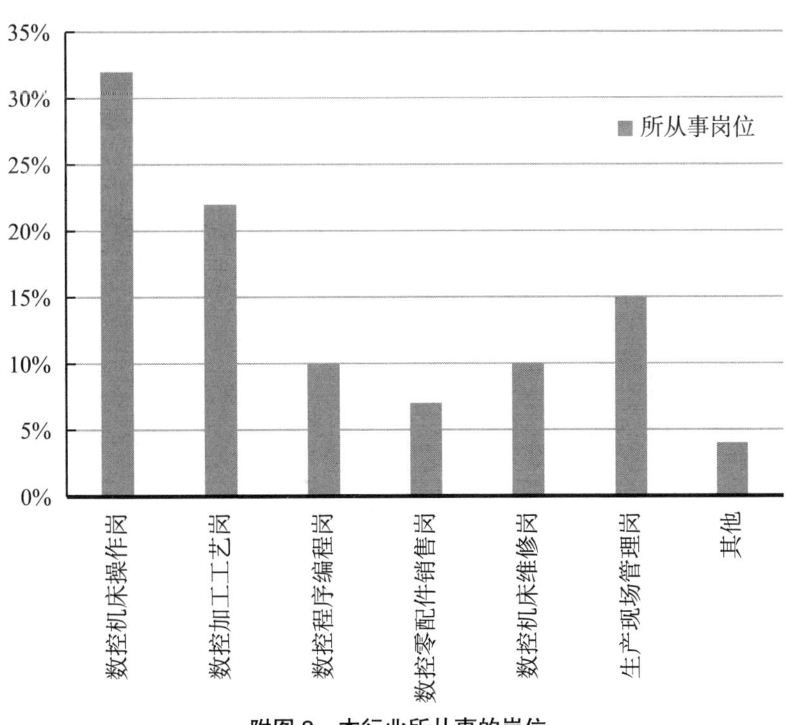

附图 3　本行业所从事的岗位

4. 您认为学校哪方面的知识或技能培训需要加强？

调查中，有 18% 的毕业生认为应该适当增加机床操作类的实训课程，以及三轴、四轴机床的编程与操作培训；有 34% 的学生认为应当加强智能制造类的实训内容，如机器人操作，五轴机床的编程与操作，火花机、慢走丝、三坐标测量仪等高档数控机床和检测设备的培训和实训等，很多同学反映这类实训安排的时间比较接近外出实习时间，因此耽误了此类课程的学习；有 23% 的学生认为应当增加 CAD、CAE、CAM 等绘图、编程与仿真类软件的培训课时；有 16% 的学生认为应增加传统理论课，如“机械设计基础”“公差配合与测量技术”的课时和实验课时；有 5% 的学生认为应当加强和企业接轨的培训，例如 CAPP、ERP 等企业经常使用的管理软件的培训；有 4% 的同学选择了“其他”。

5. 您认在今后的工作中哪方面的能力是重要的？

根据调查统计排序，排在前 4 位的依次是：①沟通和协调能力；②动手能力；③社交能力；④自学能力。紧随其后的是创新能力、外语能力、特长等。由此可见，沟通和协调能力是毕业生最欠缺的能力。

6. 您所在的企业最看重员工的哪方面素质？

调查统计结果如附图 4 所示，排在前 4 位的依次是：①忠诚度；②执行力；③创新力；④沟通能力。由此可见，企业最看重的品质是忠诚度，目前社会上职工跳槽频繁，企业人才流失严重，这使得企业更加重视员工的忠诚度。

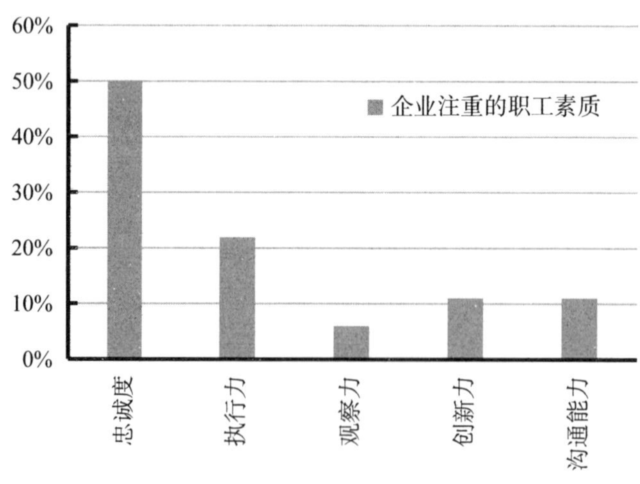

附图 4　企业注重的职工素质

7. 您认为工作中遇到最大的困难是什么?

根据调查统计，归纳出毕业生在工作中遇到的困难有：①很难适应工作节奏；②工作中需要很多的新知识，是在学校没有接触过的，特别是一些自动化程度比较高的复杂设备，新员工上手比较慢；③当设备出现问题的时候不知道从哪里入手排除故障，看不懂英文说明书；④在与同事一起工作的时候交流经常出现失误或错误，导致工作不畅；⑤企业管理严格，无法适应倒班等。

（三）在校生学情调研及分析

以调查问卷的方式对 2018—2019 级在校生进行了抽样调研，并就 7 个重点问题进行了询问，所得结果如下：

1. 您对本专业是否感兴趣？

调查统计结果如附图 5 所示，对本专业兴趣浓厚的学生占比为 11%，比较感兴趣的学生占比为 48%，是大部分学生，一般的占 15%，比较差和不感兴趣的学生占总数的 26%。由此可见，大部分学生对本专业还是比较感兴趣的。

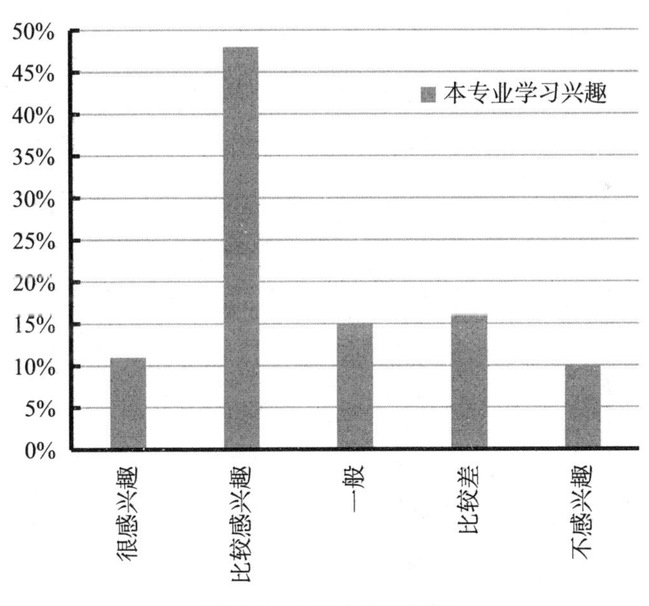

附图 5　本专业学习兴趣

2. 您毕业后想去哪类的企业?

调查统计结果如附图 6 所示，选择国企的学生占比最高，占到 46%，想去合资企业的占 35%，想去外资企业的占 9%，想去私营和个体创业的各占 5%。由此可见，多数学生更加倾向于收入稳定、中等偏上收入的大型或有一定规模的企业。

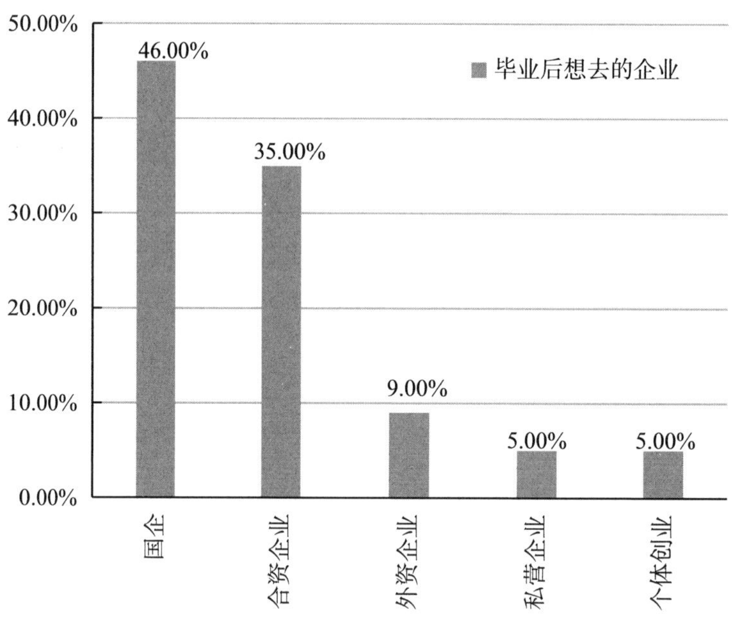

附图 6　毕业后想去的企业

3. 按照南宁当地的标准，您期望的月薪是多少？

调查统计结果如附图 7 所示，期望 10000 元以上月薪的学生占 14%，有 62% 的学生期望的月薪是 8000 ～ 10000 元，16% 的学生期望的月薪是 6000 ～ 8000 元，8% 的学生期望的月薪是 3000 ～ 5000 元，没有学生接受 3000 元以下的月薪。按照南宁当地的工资标准和以往毕业生的标准，大部分学生对薪酬的期望高于现实情况。

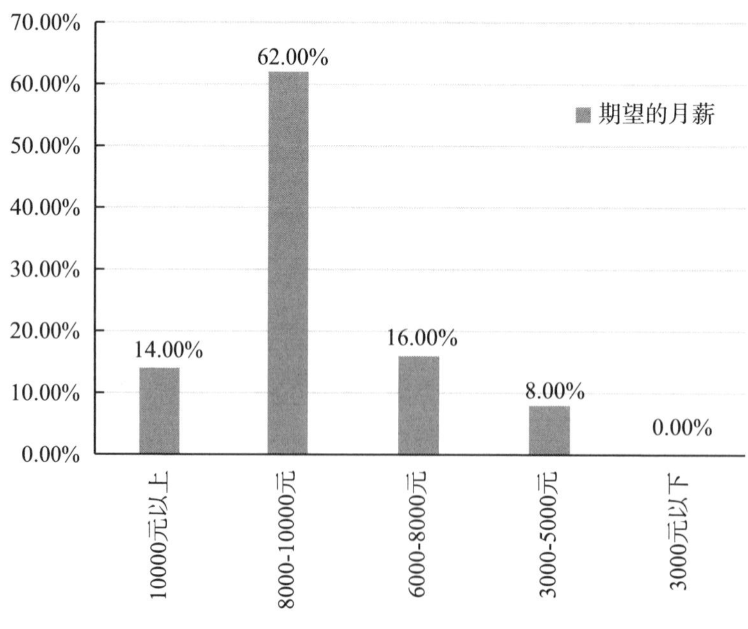

附图 7　期望的月薪

4. 您毕业后想从事的岗位是什么?

调查统计结果如附图 8 所示，想从事数控机床操作岗和数控程序编程岗的占大部分，总和达到了 72%。

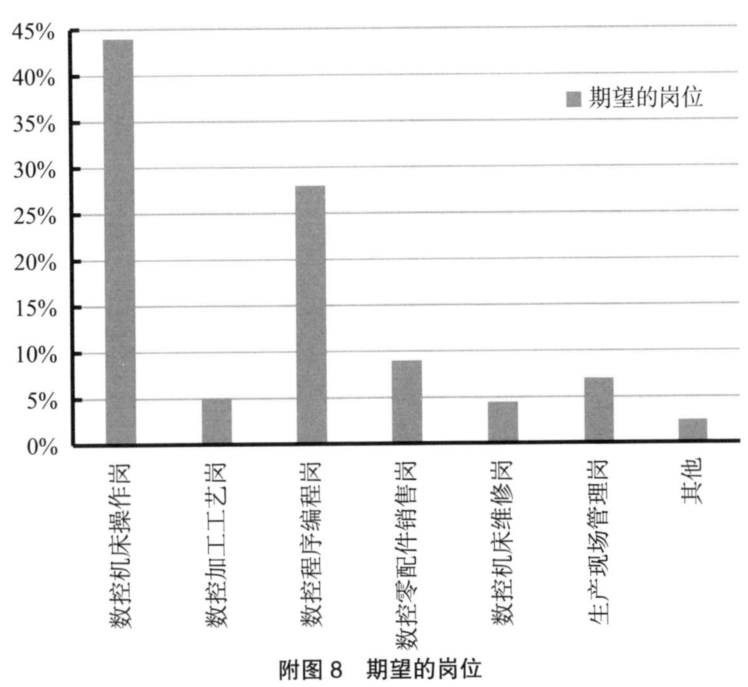

附图 8 期望的岗位

5. 您认为学校在课程设置方面哪类课程需要增设或加强培训?

根据调查统计结果，总结出排在前几位的观点：①应多上一些实训类的课，例如操作机床类的实训和 CAD/CAM 类的编程实训；②应多上一些高档设备的实训，例如学校的智能制造相关的五轴机、火花机、机器人实训等，学生普遍表现出很高的兴趣；③应根据学生的兴趣爱好增加兴趣小组或者融入第二课堂，培养同学们的动手能力；④应多上理实一体化的课程，有利于学生接受知识，一边学理论一边操作印象更深刻，且易学易懂。

6. 您是否对智能制造相关的实训或课程感兴趣?

调查显示，有 97% 的学生对智能制造的相关实训感兴趣，希望得到更多这方面的训练和指导，如附图 9 所示。

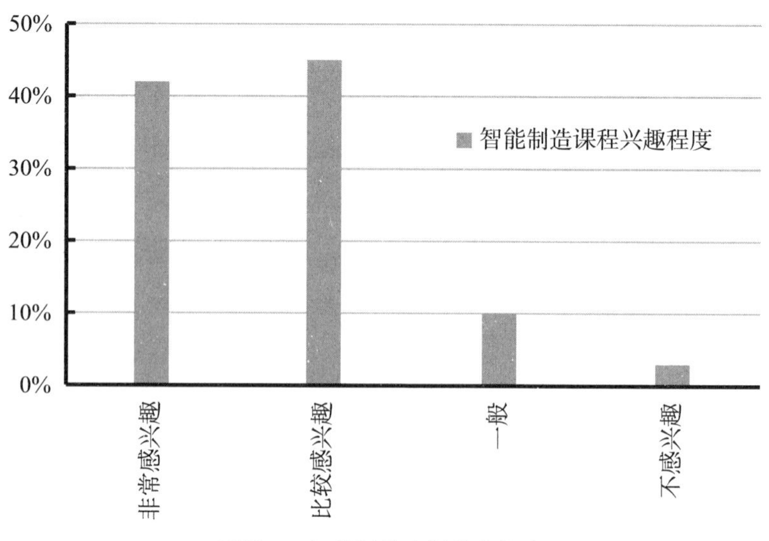

附图 9　智能制造实训的兴趣度

7. 您觉得哪些专业技能是必须的?

调查统计结果如附图 10 所示，根据调查统计，学生对职业技能重要程度的排序为：①数控车铣加工职业技能等级标准；②多轴数控加工职业等级标准；③有大约 10%的学生认为电工证是必须的；④少数同学认为 CAD/CAM 工程师证很必要。

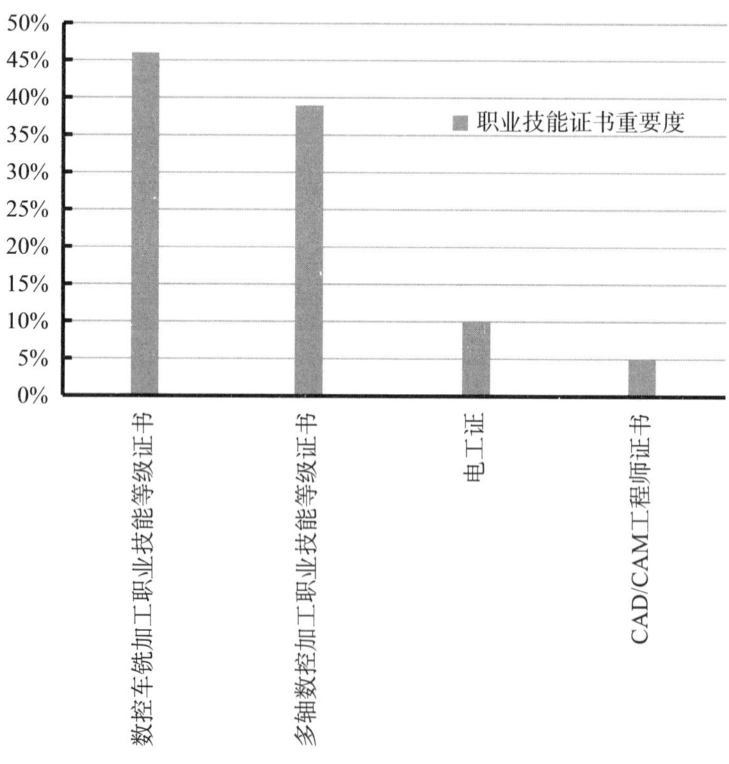

附图 10　职业技能重要程度

三、调研情况总结

（一）毕业生跟踪调研分析总结

综合以上调研数据和结果可看出，大部分毕业生是在本行业和本专业以内找工作，很多会重点考量公司性质、规模、薪水和工作经验的积累等因素，多数学生更愿意去国企和大型生产性企业工作。毕业生走向工作岗位后遇到的典型问题是，许多人难以快速适应岗位，有不少学生反映学校所学的知识和技能跟企业脱节较大，没见过的东西太多，对新知识接受起来比较困难。目前很多企业正在向智能化和自动化转型，由于人工成本上涨的压力和制造业升级的压力，企业纷纷采用机器人或者自动化设备，尽量减少人力的支出，在“智能制造”的背景下，企业迫切需要能够应付局面的“多面手”，即能够适应新的生产模式的复合型人才，这就要求学校对学生的培养也要适应这种变化。目前国家推行的“1+X 证书制度”就是适应这种变化的一个举措，学校应与企业加强合作，瞄准企业的最新生产方式、方法，将之及时引入教学中，比如，学校一般教授的 CAM 软件是 UG，但是很多企业使用的是 POWERMILL 或者 MASTERCAM 等，对一些 CAE 仿真软件、企业管理软件 ERP 等，学校也没有开设相关的培训，这些和企业接轨的前沿知识和技能，老师们应在平时多向学生介绍，以便毕业生在走向岗位时有一定的知识储备，顺利地由学生过渡到一名合格的工作者。

（二）在校生学情调研分析总结

从调研结果可以看出，学生普遍对专业感兴趣，愿意学习本专业的知识和技能，也可以看出，大多数学生愿意从事本专业的工作，而且多数学生倾向于数控机床操作和数控程序编程类的岗位。通过薪资调查可以发现，部分学生对本专业的社会薪酬标准没有一个清晰的认识，期望薪水过高，这往往导致初次就业时心理落差比较大。针对这种情况，应加强对学生的职业生涯规划指导，帮助学生认清现实，提早明确自己的发展路线。本次调研中，大部分学生对智能制造的课程和实训抱有浓厚的兴趣，这是一个很好的现象，学生对操作高档数控设备有着强烈的兴趣，这也符合智能制造的发展趋势，但是很多学生反映，虽然学校开设了相关培训和课程，但是往往安排在比较靠后的学期，这个阶段学生往往更加关注就业和实习，没有更多的精力投入智能制造类实训课程。

四、教学改革思路及措施

（一）教学改革思路

在智能制造背景下，数控专业课程教学改革要不断地推行，与时俱进。目前在数控技术教学过程中，教学目标不科学，高端人才培养力缺乏，学生实训实践课程少，学生们的实践能力比较弱，还有就是智能制造教学设备昂贵稀缺，教学条件差，教师的教法也比较传统。要解决上述问题，应从教师、课程和教材三个方面入手。首先应是教师的改革，教师要想保证教学质量和教学效率，就要对自身高标准严要求，对学生们也要进行最专业的引导，科研优势和设备引导都是进行改革创新的重要内容，教师的教学手段应多样化、系统化，依靠多媒体和网络平台等，开展开放式的教学，努力提升数控专业人才的素质。其次是课程体系的建设，核心课程教学体系的创建和重组要与时俱进，紧跟企业潮流和国家导向，在此过程中注意优先的关键因素，多方面的创新优化才能让数控专业教学提升自身的质量和水平。最后是教材的改革，教材也应该遵循与时俱进的理念，及时将行业企业发展的新内容引入到教材中，让学生多接触前沿的技术和企业经营管理方法，建设学校和企业之间的“快车道”。

（二）教学改革措施

针对以上改革思路，分别从教师、课程建设和教材三个方面进行改革：

（1）应加强对教师的培养，发挥相应的科研优势

师资力量提升是高职院校提高人才培养质量的重要手段。数控技术专业课程研究对象的专业程度对专业团队的要求是比较高的，需要对教师进行专业的培训，通过教材和实践内容的联系逐渐满足智能化背景下对教学新体系的要求。在教学方面，无论是设备还是教学方法都需要不断地创新改进，开发培养教学人才的主要方法。

（2）及时更新并调整课程体系，明晰人才培养关系定位，重点培养高端技术人才

目前对数控技术人才的需求量非常大，教师应对课程内容和教学方法及时进行更新，通过科学设置课程体系，使学生的综合能力和核心素养得到提升。应增加实践性教学的内容和理实一体化的教学课程，这是培养高端应用型人才的重要手段。应加强与企业之间的联系，瞄准企业岗位所需知识和技能，进行有针对性的培养，只有快速领悟到行业和企业的发展特点，才能在产业升级的背景下更加深刻地了解数控技术的发展方向。此外，推进互联网的信息化智能化融合是创新驱动的重要动力，应加大网络课程教学资源

建设并积极推广，将其作为主要教学内容的有力补充，构建线上和实践课程体系，帮助学生提升智能技术及相关知识储备。

（3）积极推进校企合作，不断开发更新教材

教材建设是一个动态发展的过程，根据教学理论，教材往往落后于行业和企业发展，要实现教材的与时俱进，首先应加强校企合作，定期选派教师进入一些比较先进的企业去学习采集最新发展信息，同时应广泛搜集行业和企业的最新技术情报，守住行业和企业发展的前沿阵地，不断地将行业和企业最新的技术和管理方法引入教材。

参考文献

[1] 吴升刚，郭庆志 . 高职专业群建设的基本内涵与重点任务 [J]. 现代教育管理，2019（6）：101–105.

[2] 郭福春. 高水平专业群在高水平高职院校建设中的现实意义分析 [J]. 中国职业技术教育，2019（5）：20–23.

[3] 徐作栋，张辉，邓秋香. 湖南省高职院校专业群对接产业群协同发展研究与探索 [J]. 职业教育研究，2020（2）：20–23.

[4] 赵居礼，等. 高水平高职院校建设内涵解析 [J]. 中国职业技术教育，2017（25）：46–50.

[5] 于济群，刘宁 .“双高计划”视域下高职院校专业群建设研究——以长春职业技术学院为例 [J]. 湖北工业职业技术学院学报，2022（3）：5–9

[6] 胡正明 . 高水平高职院校建设的“三大抓手”[J]. 中国高教研究，2018（6）：100–101.

[7] 工作鹏 . 以产教融合为逻辑主线的高职专业群建设实施路径探析 [J]. 教育与职业，2021（22）：91–96

[8] 赵居礼，等 . 高水平高职院校建设内涵解析 [J]. 中国职业技术教育，2017（25）：46–50.

[9] 赵根良 . 我国产教融合视角下高职院校教师队伍建设研究综述 [J]. 牡丹江教育学院学报，2020（12）：47–50.

[10] 黄蓉蓉. 专业群建设“工作室化”与专业学习“小班化”改革探究 [J]. 江苏教育，2021（81）：33–36.

[11] 杨勇，康欢，林旭 .“双高计划”视域下高职院校专业群建设的理性转型 [J]. 教育与职业，2021（20）：35–41

[12] 夏兴国. 产教融合背景下高职院校专业群的重构 [J]. 天津中德应用技术大学学报，2020（3）：30–34

[13] 王姣姣，柯政彦 . 产教融合视域下高职产业学院建设的现状、经验与展望——基于江西省 17 个产业学院的分析 [J]. 职教论坛，2021，37（6）：129-134

[14] 孙振忠，黄辉宇. 现代产业学院协同共建的新模式——以东莞理工学院先进制造学院（长安）为例 [J]. 高等工程教育研究，2019（4）：40-45

[15] 刘国买，等. 基于“三元融合”培养应用型人才：新型产业学院的建设路径 [J]. 高等工程教育研究，2019（1）：62-66+98

[16] 郭雪松，李胜祺. 混合所有制高职产业学院人才培养共同体建设 [J]. 教育与职业. 2020（1）：20-27

[17] 黄彬. 现代产业学院知识协同生产与课程开发探析 [J]. 教育与职业. 教育发展研究，2021，41（5）：14-19

[18] 南旭光，张培. 基于 1+X 证书制度的职业教育课程体系建设：问题、逻辑与进路 [J]. 中国职业技术教育，2020（32）：5-10

[19] 李必新，李仲阳，唐林伟. 职业性、开放性与实践性：职业教育课程体系的构建依据 [J]. 中国职业技术教育，2021（20）：27-32

[20] 牟蕾，张军，万小朋. 发挥在线开放课程效能推动“以学生为中心”的教学模式改革 [J]. 中国大学教学，2017（6）：54-55

[21] 李茂峰，王国生. 基于创业项目引导的创业基础课程教学模式改革与实践 [J]. 高教学刊，2021，7（36）：33-37

[22] 薛桂娟. 工程训练课堂教学模式改革与创新实践研究 [J]. 创新创业理论研究与实践，2021，4（21）：94-96

[23] 龚璇. 混合式教学模式下职教课程的整体设计——以高职“数控设备制造与机电联调”课程为例 [J]. 武汉船舶职业技术学院学报，2020，19（3）：47-50+63

[24] 杨玉辉，等. 基于虚拟现实的远程教学空间的创建与应用——以哈佛大学与浙江大学的跨国 VR 远程教学为例 [J]. 现代教育技术，2019，29（11）：87-93

[25] 张启鸿. 高职院校深入推进课程思政建设路径探究 [J]. 中国职业技术教育，2022（5）：83-87

[26] 关世春. 职业教育课程思政融入路径研 [J]. 中国职业技术教育，2021（35）：44-49

[27] 李梦卿，陈佩云．“双高计划”背景下“双师型”教师教学创新团队建设研究 [J]. 教育与职业，2020（8）：79–84

[28] 王淑明，闫卫平．高职院校教师教学创新团队建设的实践逻辑与实现路径 [J]．中国职业技术教育，2022（11）：30–35

[29] 孙君辉，吴雪萍 . 知识管理视角下“双高”学校结构化教师教学创新团队建设探究 [J]．中国职业技术教育，2021（23）：19–24